栖居的诗意

陈金瑾 ◎著

中国国际广播出版社

图书在版编目（CIP）数据

栖居的诗意 / 陈金瑾著 . —北京：中国国际广播
出版社，2017.7
ISBN 978-7-5078-4037-7

Ⅰ.①栖… Ⅱ.①陈… Ⅲ.①住宅—室内装饰设计
Ⅳ.① TU241

中国版本图书馆 CIP 数据核字（2017）第 148325 号

栖居的诗意

著　　者	陈金瑾	
责任编辑	张娟平	
装帧设计	人文在线	
责任校对	有　森	

出版发行	**中国国际广播出版社**［010-83139469　010-83139489（传真）］
社　　址	北京市西城区天宁寺前街 2 号北院 A 座一层
	邮编：100055
网　　址	**www.chirp.com.cn**
经　　销	新华书店
印　　刷	北京市金星印务有限公司

开　　本	710×1000　1/16
字　　数	216 千字
印　　张	15
版　　次	2017 年 8 月　北京第 1 版
印　　次	2017 年 8 月　第 1 次印刷
定　　价	52.00 元

CRI 中国国际广播出版社　欢迎关注本社新浪官方微博　官方网站 www.chirp.cn

内容简介

自古以来，天人合一就是中国传统的哲学观念与精神，千百年来深深影响着中国人。这一观念伴随着中国几千年的发展历程，植根于深厚的文化传统与人与自然的相处方式之中。人类自古依赖自然生存，从自然中获取生活资料，随着时代的发展，工业文明的到来，人们看似对自然的依赖程度减弱，开始住进钢筋水泥的房屋与城市，越来越远离自然，而实际上，人们从未间断探索自身与自然的关系，对于自然的渴望也日益增强。"诗意的栖居"在这片大地上成为现代人最大的居住梦想。

"诗意的栖居"要求在居住空间中融入自然元素，融入文化理念，将传统文化与现代设计、生态自然与现代材料放置在同一个空间之内，通过设计师的聪明才智实现其和谐共存。现代设计发展至今日，可持续的绿色设计成为人们的广大共识，这一有益于生态环境和人类生活的设计理念在一定程度上与我国传统的"天人合一"思想不谋而合。

本书立足于现代社会对居住空间设计的需求角度，放眼于现代居住空间设计的发展趋势，特别对自然元素在居住空间中的运用进行了探索和研究，并通过相关案例的分析，探究如何让居住空间更加体现出自然之美，力求使居住空间设计在功能合理、形式美观、情趣高雅、意境自然方面走向新的高度。

"诗意栖居"的人居环境不仅仅是将自然带进人们的居住环境，更是能满足人们返璞归真、回归自然的物理需求和精神需求。只要我们坚持"诗意栖居"的梦想，坚持传统与现代、科技与文化、理想与现实的真正融合，一个既能满足人的居住需求又能满足人的精神需求的美好家园、幸福乐园、世间桃源，一定会成为现实。

目 录

前　言

对于建筑，我们每一个人，即便是小读者，都再熟悉不过了：我们住的房屋是建筑，车站、机场、饭店、商场、学校，等等，同样也是建筑。高楼大厦是建筑，陵墓、地下室与防空洞等，也都是建筑。建筑与我们人类的生存息息相关，它无所不在，也无时不在。没有了建筑，我们无法想象生活将怎样，除非像原始人那样，回到茹毛饮血的生活中去。总之，人类的生活离不开建筑，人类的发展也无法离开建筑。

正如我国早期历史文献《易·系辞》所记载："上古穴居而野处，后世圣人易之以宫室，上栋下宇，以待风雨。"在那"茹毛饮血"、"斯文不作"的远古，原始人或者依赖天然洞穴，亦称"穴居"，或者利用树干、树叶、树枝、兽皮等，亦称"巢居"，为自己选择一个藏身之处。不过，无论"穴居"，还是"巢居"，毕竟他们都只是自然的恩赐，人类并未通过自己的亲身劳动和亲手制作，并且他们也只是仅仅满足了人类的藏身需要，也就是仅仅满足了本能需求，不会也不可能给人类以情感和精神上的满足，因而它们只是"窝""洞"，还并非建筑。

我们知道，蜘蛛会织网、蜜蜂会营巢、蚂蚁会掘穴、老鼠会打洞，动物都会营造自己的藏身之"窝"，选择自己的护身之"洞"。我们决不会把蜘蛛网、蜂巢、蚁穴、鼠洞等称为建筑，因为巢穴是动物的本能需求的产物，仅仅满足了动物的本能需要而已，并无他意。

可是，一旦原始人走出其祖祖辈辈赖以生存的原始森林，当他们面对广袤辽阔的大地，开始自己的新生活，便不得不亲手给自己建一个窝、筑一个洞。这个"窝"、这个"洞"，可以使他们保护自己免受凶猛野兽的侵害，防止他人对自身的侵犯，避免风吹雨打等各种自然灾难。不仅如此，他们自己的亲手制作与过去的天然依赖有了本质不同。尽管初期仍有可能是利用天然材料，如利用树干、树叶、树枝、兽皮、泥土等，但是，无论原始人建造的是茅棚小屋，还是"上栋下宇"的草舍窝棚，无论是多么简陋、多么难看，它们都是人类劳动、创造的产物。"窝"是他们的神圣保护所，是他们休养生息的栖身之地，也是今天所谓的建筑。因此，建筑的原始意义应该是指人的栖居之所、栖身之地，即人居住的房屋。

或许，人们会问，蚁穴、蜂巢不也是蚂蚁、蜜蜂自己做的吗？也许，原始人自己制作的巢与窝还赶不上蜂巢蚁穴精巧，为何人类的草舍茅棚可称为建筑，而动物的巢穴就不能称为建筑？

这里的根本原因就在于，首先，人与动物有本质的区别。人类在建造自己的栖居之所时，已经萌发了一种自主意识，已经是在有意识、有目的地进行建造。动物营造自己的巢穴，仅仅只是依据自己的本能行事，他们并非是有意识、有目的地进行营造。因此，尽管有些巢穴能营造得精工细巧，但动物年复一年、代复一代地复制几百年几千年也仍旧一个模样，不可能有太大变化。人类却完全与此不同了。人是有意识、有目的地建造。人在进行建造活动时，首先，会因地制宜，根据当地的客观条件来建造。如北方气候干燥，我们的祖先就根据土地情况，选择挖掘洞穴，由全穴居经半穴居再逐步到在地面上建草舍茅棚；南方气候潮湿，就根据土地气候等情况，选择在树上筑巢，由巢居再逐步到建造茅房草棚。

其次，人能够事先进行设计。设计出来的蓝图尽管可能只存在于自己的脑海中，但这一蓝图既要尽可能地符合客观情况，又要充分表现自己的主动性。因此，无论人建造的巢房多粗糙、多简陋，也比灵巧的蜜蜂建造的精细蜂巢高明，因为它在建成之前，就已经存在于人的心中了。

最后，人会因产品的最终成功而满怀喜悦之情。你想想，原始

　　人无论是面对草木茂盛的原野，还是面对荆棘载途的荒原，或是面对茫无所知的大地，该是十分恐惧和害怕的。可是一旦看到自己建造的草舍小屋，看到自己有了避寒暑、抵风雨、御虫害的栖息之所，该是多么的喜悦，多么的兴奋啊！这种喜悦之心、兴奋之情，正是人类建筑美感的萌发。它表现了人对自己制作成功的一种赞美，一种自我欣赏。正是这种赞美与自我欣赏，唤起了人对创新的渴求，唤醒了人的自主意识，开始了向真正的人不断迈进的漫长征途。

　　当茫茫大地上出现人的最初的茅房草舍时，它就庄严地宣告：人类的建筑诞生了。从原始人的房子到我们今天的摩天大楼，建筑经历了漫长的发展过程。通过了解建筑，有助于我们更好地去欣赏建筑的美，因为建筑的美寓于建筑的漫长发展历史中，寓于各个时代的人们对其建筑的欣赏与赞美中，寓于难以计数的各种各样的建筑物中。建筑是人类成长的永恒旅伴，也是历史文明的见证。

第一章　自然篇

师法自然，源自于《庄子》的"大道合乎自然"。所谓师法自然，就是遵循自然规律，按客观规律办事，体现出向自然万物学习，效法自然规律的一种生活态度。师法自然也是当今设计师们进行设计的主要理念。自然是设计的来源，设计师往往可以从大自然中获取无尽的设计灵感与想法。"师法自然"并不是要求我们简单地将自然界中的元素放置到居住空间中，而是要在理解现代人对自然的需求、渴望的基础上，对自然元素背后的文化内涵进行再设计，使用现代的设计手法与设计材料，实现居住空间的自然化，满足人们对自然的体验愿望。

一、师法自然，设计空间

1. 借自然之景

明代园林建筑著作《园冶》中有一个著名理念："园林巧于因借。"借景是我国传统园林常用的一种造景手法。设计者利用各空间之间的关系，将室外或其他空间的景色引入室内，从而实现室内外空间的融合与流通。在使用借景这一方法时，通常对室外的自然条件有一定的要求。

美国建筑大师赖特建造的流水别墅便是极好的例子。赖特将熊跑溪优越的自然风景与建筑本身完美融合，在别墅内即可看见流水，感受清风，听见泉音，自然的音容从别墅的每一个角落渗透进来，而别墅又好像是从溪流之上滋生出来的，这一戏剧化的奇妙构想是赖特的浪漫主义宣言。而且通过本地建筑材料的运用实现了真正的借自然之景。再如建筑大师密斯·凡·德罗设计的范斯沃斯住宅，同样是借自然之景的优秀代表。该住宅采用全玻璃外墙，周围之景人在室内便可一览无余，虽曾因毫无私密性等原因而为大师惹上官司，但丝毫没有影响这座建筑在世界建筑史上的地位。位于日本的箱根湖温泉酒店由六座单体建筑组成，每一座都能欣赏到山脉与溪谷的景色，而且每一扇门窗带来的画面都各不相同，给游客带来变化莫测的视觉感受。

2. 仿自然之形

仿生原理是仿自然之形的根本手法，自然是设计师们取之不尽用之不竭的灵感来源，从自然界中获得参照物，以植物、动物等的形态为元素，进行符号化的处理，使设计来源于自然又高于自然。在室内设计中，设计师常常使用现代材料如玻璃、钢铁等配合木质材料，模仿自然界中的动物和树木，结合上恰当的背景、灯光等，创造出人工的自然氛围，为人们带来自然的气息。运用仿生原理的建筑随处可见，如"鸟巢""水立方"的设计都来源于自然之中。再如西班牙国宝级建筑大师高迪的巴特罗公寓，无论是外观还是室内都充满了自然之形。有十字架形的烟囱、鳞片状拱起的屋顶、镶嵌彩饰的玻璃和构思奇特的如同面具的阳台、海葵样的顶灯，等等。

3. 引自然之象

引自然之象即是将自然元素直接引入室内，使室内空间也可以分享室外空间的自然环境。这些自然元素不仅包括可见的实物，例如花草树木、瀑布水池、山石等，同时也包括一些不可见的元素例如风、阳光及其声音等。这种手法多运用于一些大型的公共空间，诸如室内步行街和宾馆中庭等。广州白天鹅宾馆的中庭就是一个成功的案例，设计中将中国古典造园手法融入其中，将水池、瀑布、古亭、阳光和山石等自然元素巧妙地组合到了一起，绿色植物环绕水池逸彩艳丽，生动活泼，制造了一幅令观者心潮澎拜的"故乡水"（图1-1）。在住宅中这种手法的运用更是比比皆是，各家各户的阳台及屋中的一盆盆花草，一件件盆景都调剂着住户的性情。

4. 受自然之理

随着社会经济的发展，自然似乎越来越远离现代人的生活，但人们对于自然的渴求却更加强烈。在

图1-1 白天鹅宾馆之"故乡水"

设计中，人们开始有意识地去再造自然，运用天然的材质如木材、石材等为现代的钢筋水泥带来一丝纯真与质朴。从上个世纪赖特的有机建筑到今天很多设计师推崇的绿色建筑、乡土建筑、大地景观等理念，都彰显着人们对自然不断的追求，希望实现人与自然和谐共生的愿望。

5. 传自然之神

在对自然元素进行运用的设计中，很多设计师并非生硬粗暴的直接将其拿来使用，而是进行了抽象化与符号化，传递的是自然的神韵，引导人们从中感受过去，体会自然，从而进一步唤醒人们对自然的依赖与珍爱。

二、选址与风水

林语堂先生说过："中国建筑的基本精神是和平与知足，其最好的体现是私人的住宅和庭院建筑。这种精神不像哥特式建筑的尖顶那

样直指苍天，而是环抱大地，自得其乐，哥特式教堂暗示着精神的崇高，而中国庙宇则暗示着安详和宁静。"建筑的最初本意就是静默养气，安身立命，使生活和精神有所依托。这种精神上的安详和宁静指导着中国的风水文化。"风水"，主要是指古代人们在选择建筑地点时，对于气候、地质、生态、景观等建筑环境因素的综合评判，以及建筑营造中的某些技术和种种禁忌。中国古代先哲"仰观天文，俯察地理，近取诸身，远取诸物"的理念造就了中国文化，也造就了中国东南西北中各具特色的建筑景观，这一理念贯穿于中国五千年的文明史。

中国风水学的核心内容是天地人合一。中国风水探求建筑的择地、方位、布局与天道自然、人类命运的协调关系，恰是中国风水学的人与自然融合，即"天地人合一"的原则，排斥人类行为对自然环境的破坏，注重人类对自然环境的感应，并指导人如何按这些感应来解决建筑的选址乃至建造，才创造了中国东、西、南、北、中各具特色的城市布局、建筑形式及建筑景观，因地制宜，美不胜收。相比之下，随着国门的开放，西方现代建筑在中国遍地开花，只追求单一形式美，或是追求功能实用，或是追求经济效益，而不顾与地域、自然、历史条件的融合，造就了今天中国从南到北，从东到西的城市趋同性，这不能不说是建筑发展的遗憾。

日本的郭中瑞先生说："中国风水实际是融合了地理学、气象学、生态学、规划学和建筑学的一种综合的自然科学。"

风水，作为中国古代的建筑理论，可以说是中国传统建筑文化的重要组成部分。它蕴含着自然知识、人生哲理以及传统的美学、伦理观念等诸多方面的内容。实际上，风水也可以说是中国古代神圣的环境理论和方位理论。风水理论，在景观方面，注重人文景观与自然景观的和谐统一；在环境方面，又格外重视人工自然环境与天然自然环境的和谐统一。风水理论的宗旨是：勘察自然，顺应自然，有节制地利用和改造自然，选择和创造出适合于人的身心健康及其行为需求的最佳建筑环境，使之达到阴阳之和、天人之和、身心之和的至善境界。

1.建筑风水学选址原则

（1）整体系统原则

《黄帝宅经》主张"以形势为身体，以泉水为血脉，以土地为皮肤，以草木为毛发，以舍屋为衣服，以门户为冠带，若得如斯，是事严雅，乃为上吉"。整体原则是风水学的总原则，其他原则都从属于整体原则，以整体原则处理人与环境的关系，"天人合一"的生态要求是现代风水学的基本特点。

（2）因地制宜原则

因地制宜，即根据环境的客观性，采取适宜于自然的生活方式。《周易·大壮卦》提出"适形而止"。

中国是个务实的国家，因地制宜是务实思想的体现。根据实际情况，采取切实有效的方法，使人与建筑适宜于自然，回归自然，返璞归真，天人合一，这正是风水学的真谛所在。

（3）山傍水（依青山，傍绿水）原则

依山傍水是风水最基本的原则之一，山体是大地的骨架，水域是万物生机之源泉，没有水，人就不能生存。考古发现的原始部落几乎都在河边台地，这与当时的狩猎、捕捞、采摘、交通、果实、饮水、排水、私密性相适应。

依山的形势有两类，一类是"土包屋"，即三面群山环绕，奥中有旷，南面敞开，房屋隐于万树丛中。

依山的另一种形式是"屋包山"，即成片的房屋覆盖着山坡，从山脚一起到山腰。长江中上游沿岸的码头小镇都是这样，背枕山坡，拾级而上，气宇轩昂。

依山傍水也是古人对美的追求，现代科学研究表明，良好的环境可使脑效率提高15%—35%。明代的江南地区，山清水秀，水土丰富润泽，出现了"东南财赋地，江浙人广蔽"的繁荣景象，明代的200多名状元、榜眼、探花三鼎甲，江南占50%以上，验证了"物华天宝，人杰地灵"这句话。

（4）观形察视原则

清代的《阳宅十书》指出："人之居处宜大地山河为主，其来脉气势最大，关系人祸福最为切要。"风水学重视山形地势，把小环境放入大环境中考察。

朱子曰："两山之中必有一水，两水之中必有一山。水分左右脉由中行。"城市大小不同，脉络形势有异，"若都省府州县邑，必有旺龙运脉，铺第广布。龙气大则结都省郡，气小则结县邑市村"。

另外，后有靠山，左右有砂山护卫，前有曲水环抱，且有朝案山相拱卫，形成左青龙、右白虎、前朱雀、后玄武的格调更为理想。形向要关注水口、明堂。水口指某一地区水流进或水流出的地方，从水至水出即是水口的范围，水口包容的面积决定了村镇的规模对其建设发生影响；明堂本是古代天子理政、百官朝见的场所，风水术引申为宅前之地，明堂有内外大小之别，不可太宽，宽则旷荡不藏绕，众水朝拱，生气聚为佳。

（5）地质检验原则

风水学思想对地质很讲究，甚至是挑剔，认为地质决定人的体质，现代科学也证明这是科学的。地质对人的影响至少有以下四个方面：

①土壤中含有元素锌、铝、硒、氟等，在光合作用下放射到空气中，直接影响人的健康。

②潮湿或臭烂的地质，会导致关节炎、风湿性心脏病、皮肤病等。潮湿腐败之地是细菌的天然培养基地，是产生各种疾病的根源，因此不宜建宅。

③地球磁场的影响，地球是一个被磁场包围的星球，人感觉不到它的存在，但它时刻对人发生着作用。

④有害波的影响，如果在住宅地面3米以下有地下河流，或者有双层交叉的河流，或者有坑洞，或者有复杂的地质结构，都可能放射出长振波或污染辐射线或粒子流，导致人头痛、眩晕、内分泌失调等症状。

以上四种情况，旧时风水师知其然不知其所以然，不能用科学道理加以解释，在实践中自觉不自觉地采取回避措施或使之神秘化。有的风水师在相地时，亲临现场，用手研磨，用嘴尝泥土，甚至挖土井察看深层的土层、水质、俯身贴耳聆听地下水的流向及声音，这些看似装模作样，其实不无道理。

（6）坐北朝南原则

朝南的房屋便于采取阳光，阳光对人的好处很多：一是可以取暖，冬季时南房比北房的温度高 1—2 度；二是参与人体维生素 D 的合成，小儿常晒太阳可预防佝偻病；三是阳光中的紫外线具有杀菌作用；四是可以增强人体免疫功能。

（7）适中均衡原则

适中，就是恰到好处，不偏不倚、不大不小、不高不低、尽可能优化，接近至善至美。适中的风水原则早已在先秦时就产生了，《论语》提倡的中庸，就是过犹不及，处事选择最佳方位，以便合乎正道。《吕氏春秋·重己》指出："室大则多阴，台高则多阳，多阴则蹶，多阳则接，此阴阳不适之患也。"阴阳平衡就是适中。

适中的另一层意思是居中，中国历代的都城为什么不选择在广州、上海、昆明、哈尔滨？因为地点太偏。《太平御览》卷有记载："王者受命创始建国，立都必居中土，所以控天下之和，据阴阳之正，均统四方，以制万国者。"洛阳之所以成为九朝古都，原因在于它位居天下之中。级差地租价就是根据居中的程度而定，银行和商场只有在闹市中心才能获得更大效益。

风水理论主张山脉、水流、朝向都要与穴地协调，房屋的大与小也要协调，房大人少不吉，房小人多不吉，房小门大不吉，房大门小不吉。清人吴鼒在《阳宅撮要》指出："凡阳宅须地基方正，间架整齐，东盈西缩，定损丁财。"

早在先秦，阳宅规模就注重匀称，庭院、堂厢、寝室井然有序，后来修建的长安城、北京城以工整给人庄严的感觉。民间住宅也有规范，不宜太窄、太宽、不宜后高前低，不宜四角欠缺，不宜宅小窗大，不宜宅大人少，不宜有堂无室，不宜梁大柱小，不宜将卧室对灶屋、茅厕、客厅大门。

（8）安全原则

风水的空间模式讲究三面有屏障防卫，前方略显开阔，本身就有防御的功能。另外，傍水而居，而江湖本身就是天然防护屏障，中国古代城市的兴起，主要是缘于政治和军事的原因。《周易》中有"设险以守其国"之语，古代兵书也指出"故为城郭者，非妄费于民聚土壤也，诚为守也"。所以古代城市除本身具有城墙之外，在选址时还要选择因险之处。

2. 人文环境的要求

除了以上的因素以外，人文环境的选择也是非常重要的。因为住家环境不但会影响一个人的生活习性，甚至可以左右一个人一生的成就。"洛阳纸贵"说明了古代洛阳城的人文素质和文化氛围。"孟母三迁"也是典型的例子，孟母最初住在屠宰场旁，孟子便学着杀猪的样子；后来搬到坟场，孟子又学着人们祭祀坟墓；最后到学校边，孟子开始学习读书，最后成为一代宗师，被尊称为"亚圣"。

三、小庭院大山水

1. 庭院的概念

庭院（Courtyard）：庭院，《辞源》中有注：堂前之地，有延伸之意。庭院也可以理解为一种空间。《玉篇》中："庭者，堂阶前也"，"院者，周坦也"。《玉海》中有"堂下至门，谓之庭"。从这些文献中，可以理解为庭院为用墙坦围合的在堂前的空间，这是由外界进入厅堂内的过度空间，有植物、石景等。起初庭院只由四周的墙坦界定，后来围合方式逐渐演变成以建筑、柱廊和墙坦等为界面。形成一个内向型的，对外封闭对内开放的空间。

中国传统庭院住宅是我国传统住宅"诗意化栖居"的典型代表，它承载着中华民族深厚的历史与文化，也代表着一个民族千百年来对自己居住环境的不变追求，体现了院落住宅强大的生命力和符号象征意义。

2. 当代生活方式与住宅庭园景观的关系

每一个时代的生活方式与当时的经济水平、社会制度密不可分，同时又展现着特定时代人们的生活理想。随着时代的发展，城市土地的紧张，人们住进了高楼大厦，远离了土地和庭院，也渐渐开始意识到庭院对于居住的意义。

当今时代的人们物质条件极大提高，但居住的舒适程度却产生了多种衡量标准，是否今天的智能化、高科技就真的等同于舒适呢？就能为居住者带来精神层面的舒适和自我价值的认同呢？一个带有自我意识的庭院，是一个家庭气质的体现，庭院存在的意义不仅仅是家庭室外活动的场所，一个美好的庭院给人们带来的不仅是家庭的温馨，更是生活的一种境界，是人们精神的寄托。

近现代以来，中国受到西方建筑思潮的影响，现代主义风格充斥着我国的建筑领域，包豪斯式的建筑代替了传统民居的样式，随着城市的发展，土地的紧张，生活节奏的加快，人们渐渐远离了原来的生活方式和居住环境。在现代主义与后现代主义建筑风光过后，人们对于建筑，尤其是居住建筑的思考重新开始，庭院在一段时间后又重新回归人们的视线。现代人的生活压力大、节奏快，每天面对的不是电脑就是沥青水泥，"采菊东篱下，悠然见南山"的生活场景只能是在节假日时去风景区或农家乐体验。人们认识到，庭院更符合人居环境的要求，更符合人对自然环境的需求和渴望，能够重新与自然为邻，体验鸟语花香，柳绿桃红。

3. 传统庭院景观的文化背景

第一，意境的蕴涵。意是主观的理念感情，即寄情；境就是客观的生活景物，即遇物，意境产生于艺术创造中两者的结合，是创造者把自己的情感理念熔铸于客观生活和景物之中，从而引发鉴赏者之类似的情感激动和理念联想。中国古典庭院往往具有诗的意境。

第二，哲学思想。中国哲学从古代开始就研究人与自然，人与人的和谐关系，天人合一的思想境界，对外讲究含蓄收敛。中国庭院在文化上讲究含蓄、深沉、虚幻，讲究意境，表现手法有小中见大、峰回路转、步移景换等方式。对外则表现为封闭性，半遮半掩，有利于保护庭院居住者的隐私。古人遵循"崇尚自然、师法自然"的原则，这个原则是道家哲学的核心，是追求人与自然的和谐统一。把建筑、山水、植物有机地融合为一体，利用自然条件，在有限的空间范围内模拟大自然中的美景，把自然美与人工美统一起来，创造一个与自然环境协调共生、天人合一的艺术综合体。

第三，风水思想。风水是中国几千年流传下来的一种传统文化，是一门关于人与环境的文化，中国古代的各种营建活动都被它深深地影响着。古代进行庭院设计时会注意与环境相协调。利用中国的气候特点，以及阳光、水、风等环境因子，组成负阴抱阳、山环水抱的理想风水格局，使得人与自然环境和谐相处。

4. 庭院景观设计要素

庭院景观是整个庭院的灵魂所在，影响着庭院的整体格局。而随着人们亲近自然的要求，它的风格也越来越趋向"取之自然，运用自然"的理念。在这里将会把庭院景观的组成分为两部分进行分析，分别是实体要素，包括庭院的绿化，水景，铺装，以及小品和虚体要素，每个不同的设计要素再根据庭院大小尺度的不同做不同的分析。

第一，庭院绿化。庭院的绿化不但能改善庭院环境质量，柔化建筑线条，还可以丰富庭院的时序关系。庭院绿化形式多样，可选择的植物种类也很多，但是由于其特殊性，不可能所有的地面绿化形式和植物种类都适用。因此，植物只能通过一些方式，如增加植物群落结构层次，加大绿量实现补充，以达到其生态效用。且庭院绿化应满足以下基本的原则：

（1）私密性。庭院绿化应做到远离喧嚣，闹中取静。"邻虽近俗，木掩无哗。"人们都需要一些私密的空间，即自己的私人领域，它能够给人们提供相对的安全感，同时还具有象征意义，象征着拥有者的个性特点。因此，在庭院的绿化设计中，我们要满足人们的这种心理要求，使人获得稳定感和安全感。比如在私家庭院中，我们可以在围墙的内侧种植芭蕉，芭蕉没有特别显眼的主干，比较舒展柔软，叶形较大，人们很难攀爬，所以既可以遮挡外人的视线，还能增添庭院空间的私密性。而公共的大庭院中，也需要通过植物群的围合，创造出一些私密性的空间，让学生或者家庭学习、活动等。

（2）舒适性。庭院绿化设计旨在为主人营造一个舒适的休息空间，所以庭院里种植的树种应该首先考虑人们的起居生活和对季节环境的要求，在阳光照射时间较长的庭院里，我们可以多种一些遮阴树种，或者爬山虎等对墙壁绿化，以此来降温；而迎风向的庭院则可以种植防风树以挡风；而挨着城市大道的庭院则需要种植一些防护树，以降低噪声、吸收烟尘等。学校更应该注意这方面的问题，在学校主干道两侧和大型广场周围，建筑物的周围，选择一些遮阴和挡风效果比较好的植物。

（3）方便和安全。庭院内的路径不宜过于曲折，应从院门直通住宅。台阶应当平缓，以便于攀登。而如果种植绿篱的话，更要考虑不能影响人们的正常行走。注意不要种植一些过敏性的植物，或者一些容易对孩子造成伤害的植物。大型庭院应注意在车行道的拐弯处不能种植太多高大密集的植物，防止遮挡视线发生危险。

（4）养护容易。现代人生活节奏较快，休息时间较少，庭院种植的植物应该比较容易养护。在树种选择时，应选择一些栽培粗放、抗病虫、抗逆性强的植物，或者一些地被植物，来减少杂草和保墒；另外，也可以来用温室设施和自动灌溉设备，来减少不良环境条件对植物的影响。若是大的庭院，一般有专门的植物养护人员，可以适当的种植一些养护难度大，但是景观效果好的植物。

（5）功能灵活。庭院绿化设计也应注意灵活性。例如院中杂物区既可以放杂物，也可以种植蔬菜。草坪既可以打球，也可以成为亲朋聚会的场所。学校内的草坪既可以当作学生们的休息空间，还能作为试验田。

第二，庭院水景。在景观中，水体按照其成因一般分为自然水体和人工水体两种。自然水体顾名思义是由自然界天然形成，如河流、湖泊、溪水等，其水体、驳岸、底面等均有着不同的自然形态。而人工水体则正好相反，其各种要素均为人工制作，如喷泉、游泳池等。在庭院水景的设计中，受场地面积所限，一般运用水景和其他景观元素搭配共存的方式，如栽培水生植物、饲养水生动物，水体结合木制桥梁、假山石等。而在一些居住小区的景观中，水景也是最为重要的一个方面，甚至成为衡量一个小区是否高档的重要标志，成为人们评价小区绿化水平的重要标准。

庭院水景一般可以分为瀑布、溪流、池、溪涧、喷泉和河六种。在水景设计中，需要注意以下几个方面：宜"小"不宜"大"，设计师在考虑水景设计时，要多考虑设计小的水体，而不是那种漫无边际、毫无趣味可言的大水体；宜"曲"不宜"直"，水体设计要遵循它的特点，水是流动的，所以水体设计时，轮廓线最好设计成曲的；宜"下"不宜"上"，我们都知道，水是由高处往低处流的，这是由地球的万有引力决定的，所以在设计中，水景尽可能与此相符合，尽量多设计自然流动的水景。

四、可持续的室内设计

室内设计的根本是为居住在其中的人服务，要满足人们的物质需求和精神需求，要求设计师能够运用色彩、灯光、材料等元素对室内空间进行美的设计。居住空间设计与每一个人的日常生活密不可分。在能源被大量消耗的今天，人们开始反思原来那种追求豪华、追求所谓档次的设计方式是否真正符合人的需求，意识到可持续的思想同样适用于室内设计，尤其是居住空间设计。

可持续的居住空间设计主旨是为人们打造绿色的、生态的、可持续发展的居住空间，既包括室内空间，也应当包括庭院等室外空间。这首先要求人们树立可持续发展的观念与意识，认识到人与自然的关系，设计师也应当具备全局意识和整体设计的能力。当然，可持续的设计并不是要求设计的简单、简朴或一味地降低预算，它应当是既降低能耗、保护生态，又不降低人们的生活品质，不会为人们的生活带来不便。通过这样的设计，时时刻刻影响启发着人们，使其认识、思考、接受并去亲自践行可持续的理论。此外，艺术具有其共通性，以室内设计的可持续设计可以带动相关设计领域，如家具设计、灯具设计、陈设设计，等等，这样才能在室内空间中真正实现可持续的理念。

1. 在室内设计中实现可持续发展的途径

可持续发展的核心是追求人与环境的和谐共生，既满足现代人的需求，又不损害子孙后代的需求，因此可持续设计涉及两个主体和两个时间阶段。具体到可持续设计的实现方式，可以做如下探讨：

首先，树立环境意识，以生态的、可持续的思想指导设计，摒弃陈旧的豪华高档装修风格，在装修中首选环保建材。建材的环保包含两个方面的含义，一是建材本身不含有各类有害物质，如甲醛等，另一方面是指该建材的获得或制作是环保的，节能的，可降解的，能够循环使用的、不破坏环境或污染环境的。这样做，是可持续理念中不损害后代人需求的重要体现。可以大量使用本地材料，既经济环保，减少运输成本，又能凸显本土文化和地域特色。在施工过程中，应尽量减少对周围空气、水的污染，避免装修垃圾对环境的污染。

其次，在设计时应充分利用自然条件，即合理利用阳光、风向等因素，打造一个物理环境良好的室内空间。例如利用开窗引进自然光，减少人工照明；利用空气对流创造室内微循环等。

再次，在家居能源系统中，充分考虑节能和可持续设计。如家居智能系统中有节水装置，可对生活用水进行简单处理二次使用，从而节约水资源；使用各种节能灯具，因需设灯，减少纯装饰性照明；再如无缝外墙技术、天棚辐射技术、屋顶及地下保温技术、无缝外墙保温技术、24 小时持续置换新风技术，可以创造全年恒温恒湿及鲜氧不断的舒适健康空间。

再如，在设计时秉承"轻装修，重装饰"的理念，尽量不对空间、结构等做大幅度改变，不对界面做大面积装饰处理，而是尽可能选择各种软装饰，如陈设品、布艺、灯具等，对空间进行装饰。此类软装饰免去了施工对环境的各种影响，后期又便于业主更换调整，可真正实现可持续的理念。

最后，除了物理上的可持续外，文化和精神上同样应追求这一理念，尤其是在一些旧建筑的改造上。决策者对于一些在短期内无法转化为经济价值或生产力的本土文化不予重视，使得一些有价值的、生态类的地域资源如老建筑等文化遗产得不到应有的保护，有些城市简单地对老建筑进行进行统一粉刷，掩盖了其原本的摸样，以至于这些老建筑渐消失在了现代化、城镇化的大潮中。因此，更新其使用功能和适应性改扩建显得尤为重要。这是旧建筑可持续发展的必然道路。

2. 可持续室内设计在中国

可持续发展的理念在全球范围内，在各领域均得到了认可和一定程度的发展。作为室内设计来说，本身在我国发展的时间就不长，因此必然具有其特殊性。

室内设计作为一门边缘学科，涉及的学科较广，如建筑学、材料学、声学，等等。室内设计的发展在一定程度上依赖于工业的进步与科技的发展，因此可以说室内设计的可持续在一定程度上显示了整个经济社会的可持续水平。中国在改革开放以来，经济发展的速度一直位于全球领先，成为世界经济的主要动力源。中国用几十年的时间走完了西方资本主义国家几百年才完成的工业化进程，在这些成就的背后，我们也必须看到很多经济成果的获得都是建立在资源过度消耗、自然环境遭到破坏的基础上。目前，我国在很多领域进行的可持续发展都是针对工业化导致的资源和环境问题，进行全面的、有针对性的方案制定和具体实施，因此，依附于社会经济发展的室内设计同样在其可持续发展的问题上呈现出跳跃式的全面发展，针对室内设计的各个部分，如建材、智能家居、节能系统等均有针对性的研究。可见，我国室内空间的可持续设计具有良好的发展前景。

除了良好的前景之外，我国的可持续室内设计也面临着诸多挑战与困境。首先是室内设计的可持续设计目前还基本上属于设计师或行业内部分企业的自发性、自觉性的个人行为。国家并没有出台相关的法律法规，从业人员的水平和素质也参差不齐，相关理论成果尚不完备，没有形成指导性的学术理论。尤其是全民在家装可持续方面的观念比较淡薄，很多消费者毫不吝惜为自己的居住空间使用高档材料，认为这是家庭经济实力的文化水平的体现。因此，可以看出，我国的可持续室内设计道路必然是曲折而漫长的。

此外，我国的经济发展在近几年虽有目的性地放缓，但对环境的破坏和资源的消耗已成事实。目前，从国家层面开始注重生态改善，出台了一系列政策法规，同时加大对广大人民群众的宣传教育，希望全民树立可持续的发展观念。如何真正使群众将环保、可持续的观念融入到自己的日常生活中，如何真正有效的即降低能耗、保护环境资源又保证经济的发展仍然是需要解决的问题。室内设计的可持续是人类最直接感受和接触的可持续发展，它可以时时刻刻影响着人们的生活方式甚至思想，因此，室内设计的可持续发展对于整个社会的可持续发展有着重要的作用和意义，我国可持续发展的室内设计在一段时间内将呈现出紧迫性的特点。

3. 设计师积极引导，勇担责任

目前，在我国的整个社会大环境中，环保和可持续的观念已经深入人心，人们开始在日常生活中去注意点点滴滴能够节能和保护环境的举动。但是在室内设计方面，目前除了环保材料，人们在这一领域内的可持续意识还是比较欠缺的。在这样的情况下，设计师就承担着积极引导和推动的作用。这不仅仅是指设计师在设计时将可持续发展的理念通过巧妙的方法带进人们的居住空间之内，潜移默化地去影响和改变着人们的生活方式，还可以通过一些大型的、有影响力的展览活动集中展示先进的环保家居材料、家居用品，等等。设计师能够作为民众与可持续设计之间的桥梁，加速人们对可持续设计的理解和接受，从而使全社会积极参与其中。此外，设计领域的创新动力会进一步影响到其他领域，例如刺激新型材料、新工艺的改进与革命，等等，对整个社会的可持续发展会间接起到巨大的推动作用。因此，设计师应当认清责任，勇担重担，积极推进可持续设计的发展。

第二章　地理篇

一、苏州园林的精致与灵动

　　苏州地处水乡，湖沟塘堰星罗棋布，极利因水就势造园，附近又盛产太湖石，适合堆砌玲珑精巧的假山，可谓得天独厚；苏州地区历代百业兴旺，官富民殷，完全有条件追求高质量的居住环境；加之苏州民风历来崇尚艺术，追求完美，千古传承，长盛不衰，无论是乡野民居，还是官衙贾第，其设计建造皆一丝不苟，独运匠心。这些基本因素大大促进了苏州园林的发展。据记载，苏州城内有大小园林将近 200 处。其中沧浪亭（图 2-1）、狮子林（图 2-2）、拙政园（图 2-3）和留园（图 2-4）分别代表着宋（948—1264）、元（1271—1368）、明（1369—1644）、清（1644—1911）四个朝代的艺术风格，被称为苏州"四大名园"。"四大名园"与同列为《世界遗产名录》的网师园、环秀山庄、艺圃、耦园、退思园一道，构成苏州园林的杰出

图 2-1　沧浪亭

图 2-2　狮子林

图 2-3　拙政园　　　　　　　　　　　　　　　图 2-4　留园

代表。苏州古典园林以其古、秀、精、雅、多而享有"江南园林甲天下，苏州园林甲江南"之誉。

苏州古典园林历史绵延 2000 余年，在世界造园史上有其独特的历史地位和价值，她以写意山水的高超艺术手法，蕴含浓厚的中国传统思想和文化内涵，展示东方文明的造园艺术典范，实为中华民族的艺术瑰宝。明清时期，苏州封建经济文化发展达到鼎盛阶段，造园艺术也趋于成熟，出现了一批园林艺术家，使造园活动达到高潮。最盛时期，苏州的私家园林和庭院达到 280 余处，至今保存完好并开放的有始建于宋代的沧浪亭、网师园，元代的狮子林，明代的拙政园、艺圃，清代的留园、耦园、怡园、曲园、听枫园等。其中，拙政园、留园、网师园、环秀山庄因其精美卓绝的造园艺术和个性鲜明的艺术特点于 1997 年底被联合国教科文组织列为"世界文化遗产"。苏州园林是城市中充满自然意趣的"城市山林"，身居闹市的人们一进入园林，便可享受到大自然的"山水林泉之乐"。在这个浓缩的"自然界"，"一勺代水，一拳代山"，园内的四季晨错变化和春秋草木枯荣以及山水花木的季相变化，使人们可以"不出城郭而获山林之怡，身居闹市而有林泉之乐"。

（一）师法自然

师法自然、"观象制器"的思想观念贯穿于中国古典园林建筑艺

图 2-5　拙政园松风亭　　　　　　　　　图 2-6　留园清风池馆

术造型之中。《后汉书》载："广开园囿，采土筑山……以象二崤"，《资治通鉴》中载唐代安乐公主"起宅第，以侈丽相高……作昆池，延袤数里，累石象华山，引水象天津"，是指对自然事物的一种简略的模拟的筑园思想。

苏州园林建筑形态与自然形态具有一定的类比性。园林建筑的"飞檐法于飞鸟"（图 2-5）是典型的类比设计方法。人字形屋顶造型，硬山顶，歇山顶、悬山顶、卷棚硬山、卷棚歇山等单檐造型，重檐园攒尖、重檐庑殿顶、盝顶等重檐造型，从立面上看，很明显这些屋顶极为生动而富有变化，屋顶却取法于自然山峦的起伏变化（图 2-6）。其建筑的形式与西方强调立方体、园锥体、球体、园柱体、金字塔形等几何形体的造型风格，迥然不同。体现了中国传统建筑艺术民族风格典型特征和思维方式。

从空间布局上讲，苏州园林空间的整体布局同样遵循师法自然的原则。纵观苏州园林空间的整体布局，突出的是自然的曲线，极力回避以中轴线为基准展开左右对称或直线布局的模式，比如留园中部建筑中的五峰仙馆和略小的林泉奢硕之馆，两馆的位置处理为了避免在中轴线上前后相续，采用一偏东南，一偏西北，中间隔以令人扑朔迷离的小院，相互交错，互为呼应。再如苏州园林空间的植树种花，讲究的是自然美，与西方园林追求几何形美的理念极不相同。乔木、灌木、花草或姿态苍劲，或线条柔和，与山石、水面、建筑自然组合在一起，形态变化构成大小、疏密，色泽、明暗丰富的景观和自然山林气氛。如拙政园中部二岛，采用落叶树配以适当常绿树，与土坡上茂密竹林和池边芦苇形成野趣，其掩映于宽阔水面之上，取得良好的自然山林的景观效果。

苏州园林空间中的自然山石水体是形成全园整体，气脉贯通的纽带。苏州园林之造园往往是先理山水，再设建筑，后配花木，并融自然于一体。刘敦桢先生对环秀山庄有这样一段描写："前后山虽分而气势连绵，浑成一体，由东向西犹如山脉奔注，忽然断为悬岩峭壁，止于池边，如张南垣所谓'似乎处大山之麓，截溪断谷'之法。山的主峰置于西南角，以三个较低的次峰环卫衬托。左右辅以峡谷……虚实对比，使山势雄奇峭拔，体形灵活有变化。此外，山峰与峡谷，山洞与石室，飞梁与危径，绝壁与水池……在相互立体错综之间，均有呼吸，有照应，联络贯通成气韵生动的整体。再论环秀山庄的水，也依自然整体概念所设，形成气韵贯通之势。乾隆年间，该园在山脚下掘地得泉，名曰'飞雪'。其泉和山下环绕着的水池也有着脉通关系，令人虚实相生地想见活水之源。在环秀山庄，池泉贯通，曲折萦徊，水有源，山有脉，园林虽小，山山水水都体现了映带周流的活气和生气蓬勃的联系，如同天然图画，既符合自然之理，又富於自然之趣。"

由此可见，苏州园林是以师法自然为原则，以山体、水流为脉络，以石为其骨架，以花草树木和建筑为其血肉的自然整体。

苏州园林的空间要素主要由建筑、山石、水体及花木构成。花木本属天然，主要讲究栽种的布局、疏密关系，而建筑则完全为人造物，所以这里主要针对山石、水体进行讨论。

苏州园林空间遵循自然法则的整体布局思想是明确的，然而这种意向又要依赖于构成空间要素的具体形态才能实现。苏州园林大都地处闹市，可利用的真山真水是不多的，多以假山假水来模拟真山真水，因而关健是人工堆山叠石、挖地成池、花木配置能否体现自然意趣和神韵，人工所造之假是否能体现自然之真。

"真"与"假"是人工筑园中的一对矛盾，因为园林空间中人造物居多，因而这对矛盾显得尤为突出。南北朝时的宗炳已注意到这个问题，他曾提出，"应月会心""应会感神"，以求"神越理得"，"目

图2-7　环秀山庄的湖石大假山

师山水、心师目、手师心"的观点。这与后来王履讲的"吾师心、心师目、目师华山"是一个意思。唐代的山水画家张璪说："外师造化，中得心源。"(《历代名画记》)。所谓"外师造化"是指艺术家要从自然界汲取创作源泉，以自然为师；但仅停留在这一点上是不够的，还必须对客观对象作分析、研究和评价，在头脑中加工改造，以求"中得心源"。苏州园林空间要素的塑造正是遵循了这些源于自然而又归于自然的艺术法则。比如在苏州园林中山与水是两个至圣的空间要素，其处理好坏直接关系到整体空间形态能否反映自然山水园的风貌特征，因而苏州园林在堆山叠石，开凿水池的过程中极力避免和泯灭人工建构的种种痕迹，以自然天成的美为极致。比如石之造型有叠、竖、垫、拼、挑、钩、撑之说，这无非是为了大小搭配，或是为了前后相倾，或是为了向外伸出，或是为了能塑造涧壑，总之都是为了能随心所欲地表现出石之天然性状。苏州园林中叠石之佳例要数叠石名家戈裕良所作环秀山庄的湖石大假山（图2-7）。它不但在苏州园林群里是"法天贵真"的美学范本，而且在全国园林中也是"虽由人作，宛如天开"的艺术杰作，它的创作虽然源于自然，却更集中体现了自然山石的形态特征，达到了妙造自然的高度。刘敦祯先生在《苏州古典园林》一书中指出，环秀山庄的假山，其"形象和真山接近"，"望之如天然浑成"。这里，一个"真"字，一个"天"字，恰恰是对湖石假山的最高评价。当然，假山总是假的，然而它贵在"有真为假，做假成真"（计成《园冶·掇山》），从而令人"掇石莫知山假"（《园冶·相地》）。所谓"有真为假"，这是说，首先要有天然的真山作为叠石创作的依据，做到"胸有丘壑"，这样才能以假拟真，假中见真。环秀山庄四面厅的对联，恰恰道出了其创作奥妙。"丘壑在胸中，看叠石流泉，有天然画体；园林甲吴下，愿携琴载酒，作人处清游。"

再如水体，水无固有形态，其性至柔，需借助岸线而成一个整体，因而苏州园林中水与自然的对应关系在池岸处理中尤显突出。这反映在两个方面，一是形状的处理。苏州园林中水的岸线均呈蜿蜒曲折的自然之状，其形状既无方正平直，也决无雷同，只有大小之分。二是池岸材料的处理。自然之中，平原河湖以土岸为多，山间溪流沿岸往往有山岩砾石相伴，而这种种不同的形式便是苏州园林池岸临仿的对象。大段土岸因为种种原因在苏州园林中已不多见，只是在拙政园中部仍有保留。大多数的苏州园林所采用的是叠石池岸，叠造时十分注意石之纹理，以求天然生成之感。如网狮园池西亭廊之下的叠石池岸，凹凸叠伏，具有浑然天成之感，使人自然联想到崇山峻岭中的山间江河。很多池岸将石向外悬挑堆造，设以花木、藤蔓与其上，水与植物相映成趣，更显自然。

（二）融于自然

苏州园林建筑非常重视与周围自然环境相互融通。室内小空间与天地的大空间之间，不仅具有一种同构的关系，而且从总体看，是属于天地的大空间或为天地的大空间的包围之中。即使园林建筑的外形也是以天地为大背景而设计的，它必须融于自然之中，而不是从自然的大背景上分离孤立出去。由于"内形"与"大形"不能分开，因此在室内空间与周围的自然环境之间就产生了内外交流，彼此融通的互相依存的关系。

苏州园林建筑室内空间与周围的自然环境相融通的典型的设计方法是"借景"。所谓"借景"，明代计成在《园冶·兴造论》中说："借者，园虽别内外，得景则无拘远近，晴峦耸透，绀宇凌空，极目所至，俗而屏之，嘉则收之。"清代李渔在谈及湖舫设计时，也对"借景"有生动的说明：开窗莫妙于借景……向居西子湖滨，欲构湖舫一只，事事犹人，不求稍异，止以窗格异之。从于其中，则两岸之湖光、山色、奇观、浮屠、云烟、竹树以及往来之樵人、牧坚、醉翁、游女、连人带马、尽入便面之中，作我天然图画，且又时时变幻，不为一定之形。"借景"之法，不仅扩展了室内空间，打破了室内空间的局限，而且巧妙地将建筑物同周围自然环境沟通协调起来，从而丰富了人们对园林建筑艺术的审美感受。如留园的入口处所作的内外分隔并不用一墙一门作简单的隔断，而采用进门后要经过小巷窄弄才得以进入园中之佳境。这是通过建筑的空间分割过渡而获得的渐入佳境的空间意趣。另外园中的廊、时长、时短、时折、时曲，灵活多变，引导着视觉空间的转换。人行之于廊上，立刻使原有空间产生这一侧与那一侧之分，每一侧空间内的景物将互相为对方的背景或远景，于是构成几个层次的景致，使空间更加深远。廊还可引导游兴，增加趣味，从而取得丰富的空间体验。

江南园林之所以能在苏州盛极一时，是和苏州独特的地理环境分不开的。苏州园林有因地制宜，顺应自然的共同特点。

第一，顺应地域环境。苏州城市水资源丰富，地下水位很高，大小河道纵横于域内，城周围则洼地池塘遍布。因为水多，形制各异的石板桥、拱桥飞架于水道之上。苏州的民居白墙黑瓦，体量小巧，傍水而建，错落有致。苏州人喜欢静，因而围墙高筑，小巷幽深，宁静而致远。苏州周边更是峻岭起伏，青山绿水。因为水多，园林也常以曲折自然的水池为中心展开园林空间的布局。在雨量较多的苏州园林掘地开池，显然还有排蓄雨水的作用。可以说，苏州园林适度、亲和的空间比例尺度，山石叠起，水流潺潺，空间整体形态上所体现出的明媚秀丽，淡雅朴素，曲折幽深，无不带有古城的印记。从苏州城区进入居于巷中的私家园林，会感叹园林之精妙，但却不会觉得苏州园林是苏州城市风格的的异类，其与城市地域环境的衔接是那么自然，血脉相连。这正是因为苏州园林顺应了苏州的城市面貌，符合了江南水乡的地域特征。我们设想，如果将北京的皇家园林搬到苏州，则很难融入苏州的世俗气氛，并且也会因为与苏州城市所特有的比例尺度相失调而显得格格不入。更可以设想，被搬到纽约大都会的网狮园景，就像陈列在窗中的艺术品，其玩偶特征非常明显。

第二，利用自然环境。除了顺应苏州地域环境特点外，苏州园林的造园则非常注意园址部分的原始环境利用。山石水体为园林空间中至圣的原素，石为山之骨，水为园之脉。苏州园林中是不能缺少山和水的，而堆山容易，掘池却难。苏州园林能很好地利用地理环境的优势，因势利导，因地制宜。往往利用原始环境中的塘和洼地加以治理，用掘池之土加高坡地，使水更深，使坡更高，加之花木则成园之雏形。刘敦桢先生对江南园林之代表的掘政园的考证最能说明这一点："掘政园的布局以水为主，此处原是一片积水弥漫之地，初建园时，利用洼地积水，浚治成池，环以林木，造成一个以水为主的风景区。明中叶建园之始，园内建筑物疏松，而茂树曲池，水木明瑟旷远，近乎天然风景。"

再说园林中之建筑，苏州园林建园初期建筑往往不多，大都利用自然之势，先堆山，理水，随机种植花木，构成园林之基础。而后再逐步增加建筑，因而园林建筑的布局展开都是以顺应自然地势为原则。苏州园林建筑与地势高低，开合相适应。计成在《园冶·兴造论》中论述："故凡造林，必先相地立基，然后定其间进，量其广狭，随曲合方，是主者能妙于得合宜，末了构牵。假如基地偏缺，邻嵌何必欲求其齐，其屋架何必三五间？……园林巧于因借，精在体宜。……因者，随基高下，体形之端正，碍木删桠，泉流石注，互相借资，宜亭斯亭，宜榭斯榭，不妨偏径，顿置婉转，斯谓精而合宜者也。"除住宅区以外，集中成片的建筑并不多见，其单体建筑体量也都较小，有时一廊、一亭、一榭足成趣味。这些建筑大都是以非对称或自由分散的形式出现，星星点点，随山转水移，随空间起伏而设，顺应地形穿插在山水中，似乎很休闲地占据着一块属于自己的空间。可以说，苏州园林中的建筑布局是自由章法，随形赋势的典范。苏州园林因地制宜，因势利导的设计方法，不仅保护了自然生态的优美环境，而且使园林建筑物与自然环境得以高度和谐协调，保证了人工的建筑物与自然环境的契合融通。

叶圣陶先生对苏州园林的艺术特征非常了解，他在比较了宫殿建筑的对称结构后指出："苏州园林决不讲究对称，好像故意避免似的。东边有了一个亭子或者一道回廊，西边就决不会再来一个亭或者一道回廊。这是为什么？我想用图画来比方，对称的建筑是图案画，不是美术画，美术画要求自然情趣，是不讲究对称的。"这是一个精辟的概括。

（三）超越自然

苏州园林空间的整合关系，体现了古典园林经典之作《园冶》的"虽由人作，宛如天开"思想，其核心内容为反对雕琢痕迹毕露，主张人工与自然浑然一体，达到巧夺天工。苏州园林空间的构成法则循"自然"之法，即享自然之性。达到不似自然还似自然的人化了的"第二自然"。

第一，清淡之景。苏州园林空间无清不美，无淡不雅。《沧浪静吟》诗："独远虚亭步，静中情味世无双。山蝉带响穿疏户，野蔓盘青入破窗。"沧浪亭"小沧浪"联："铭杯螟起味，书卷静中缘。"拙政园见山楼联："林气映天，竹阴在地；日长若岁，水静于人。"其清淡之色，清雅之韵，令人咀嚼不已。

苏州园林空间中的建筑，外观色相基本上是白墙、黑瓦，以单纯朴素的色泽构成不温不火的中性基调，淡妆素裹，朴实无华，毫无视觉上的耀眼刺激。这种墙面的白则正好是景物借助光线投射的天然屏幕，如在怡园拜石轩南庭院，当红日西斜，东面粉墙上就出现灰（影子）白（粉墙）构成一幅天然成趣的杂枝、竹影、湖石立峰的剪影。瓦的黑,影的灰,墙的白,好一幅浓淡相宜的水墨画,使空间意韵无穷。园中植物则突出一个绿,苏州园林空间虽有花木点缀,但却是以观叶类、林木、荫木类为主。当坐在西园"涵碧山房"由透窗看去,满目绿意盎然,远处枝叶上掩荫处云亭飞动,东面一片绿地中透出"清风池"和"西楼"的黑白影姿,正前方绿色丛中小廊回合,其正合了"秀色可餐"这句成语。餐翠腹可饱,饮绿身须轻。可谓"夏日无暑清凉,秋日萧远清谧"。绿色,使苏州园林空间中散发出郁郁清芳之气,带给苏州园林空间满园清趣。如果将苏州园林的这种黑、白、灰、绿与形、景、声、色、光交织起来,则:日出有清荫,月照有清影,风来有清声,雨来有清韵,雾凝有清光,雪停有清趣,绘出一幅空间立体的淡彩水墨。

以清为雅,以淡为高,贵淡不贵艳的审美情趣乃系出道家。道家认为大"道"乃淡,老庄言"五色令人目盲","五色乱目,使目不明"。如和氏之璧,不饰以五彩;随侯之珠,不饰以银黄。华美虽佳却易俗,淡雅虽朴却隽永。浮体刮落,独露本美。故老庄好质而恶饰,处实而弃华,倡导"怡淡寡欲"。这种平淡趣远的审美意识的确立,理所当然成为苏州园林的情趣指向。苏州园林正是造就了这样一个清淡世界。拙政园内"涵青亭"(图2-8)前"池草涵艳""浮翠阁"

图2-8 涵青亭　　　　图2-9 悟竹幽居亭

宛如浮在翠绿树之上。悟竹幽居亭（图2-9）幽幽静静，萧条悟竹同，秋物映园庐。这种清淡自然独有，无须苛求，正合了庄子"天无为以之清，地无为以之宁，故两无为相合，万物皆化"之意，无为乃清，无为乃淡，行于平夷，守实整体，而韵自胜"。

第二，柔美之情。美的形态有阳刚与阴柔之美的区别。阳刚之美气势浩瀚，雄浑遒劲，刚强博大，阴柔之美秀雅清丽，柔弱纤细，玲珑可爱，正所谓"骏马秋风冀北，杏花春雨江南"。在我国古典园林艺术中，皇家苑囿，如颐和园、避暑山庄等，灿烂辉煌，豪华壮美；苏州园林则柔媚优美，清雅宜人。阳刚可见出强悍的魄力，而阴柔更有令人咏叹的余韵。

对苏州园林的审美风格，陈从周先生曾有精确的概括。他通过与扬州园林的比较指出："余尝谓苏州建筑及园林，风格则多雅健……"《说园（五）》"扬州园林……与苏州园林的婉约轻盈相较颇有琵琶铁板唱'大江东去'的气概"。（《扬州园林与住宅》）他在《苏州园林概述》中还指出：苏州园林风格有类于南宗山水画，"秀逸天成"，整个园林具有"轻巧外观"，"秀茂的花木，玲珑的山石，柔媚的流水，十分协调……

苏州园林空间中透露出的柔美秀丽，其品格与苏州特殊的水土所培育的苏州人的品貌、性格，存在着某种值得探究的对应关系，也应合了道家贵柔美学思想。"道"绵细柔和，若有若无，柔弱乃道之性，"弱者道之用"，"柔弱胜刚强"。老庄认为坚强刚直易亡，而柔弱平和易存。世界上最柔弱之物是水，但水却能贯金穿石，消铜蚀铁，"天下之至柔，驰骋天下之至坚"。俗话说："狂风吹不断柳丝，齿落而舌长存，"也是此理。在老庄美学中，柔、弱、软、细等概念，充满着强烈的生命力，是生机永存、持久的象征。所以老庄以柔为美，以柔为根，赞阴柔胜于阳刚。苏州园林空间是老庄的"守柔""贵雌""好静"的具体化表现，就是幽静闲雅多于喧噪骚动，清新淡雅多于浓烈醇美，宁和平静多于动荡激越。道性贵柔，柔刚必曲。以形式美角度看，苏州园林空间的柔美形式因素就是曲。它千姿百态，多种多样，有婉转曲折，通花渡壑的曲廊，一步一折，一步一景，如在画中游。

图 2-10 "柳阴路曲"廊　　　　　　　　　图 2-11 波形水廊

拙政园中部的"柳阴路曲"廊（图 2-10）是蜿蜒于平地的空廊，其曲折的构成既复杂多变，又自然合度，它以垂柳群为主要掩映物，在其间透迤穿插。这条曲廊的曲线特别美，短短的一段竟有十个不同的走向，有如北斗之折，而又毫无矫揉造作之感。再如拙政园西部的波形水廊（图 2-11），从总体上看，它是由两条波状线组成的，其临水而设，起伏曲折虽不大，但微微的升降，缓缓的回旋，如同轻婉清扬的旋律，给人以舒适而悠扬的美感。除曲廊外，还有若断若续，地逦相接的曲水，如游龙，似惊蛇，起伏不尽的云墙，凹凸不平，随形而筑的曲岸，可谓处处见曲姿，时时显柔美。

　　园林名著《园冶》竭力主张"曲"，谓"深奥曲折，通前达后，全在斯半间中生出幻境也""曲折有余，端方非额；如端方中，须寻曲折，曲折处还定端方"，当然园之曲应有限度，但我们不能不承认"境贵乎深，不曲不深也"。曲，隐现无穷之态，招摇无限春光。

　　柔还是秀雅平和的同义词。苏州园林空间中所散发的柔美之情，还通过园林空间中的诸要素，花木（修竹、绿苔、弱柳、瘦菊、幽兰、残荷、曲梅）、山水（清流、溪涧、瘦石），天象（薄云、细雨、轻烟、淡月、夕辉、微雪）等景致的综合融汇来体现。倘徉其间，可以感到岸芷汀兰的清秀，云光水色的空灵，幽影映红墙的淡雅，池塘月色的静谧，曲岸绿池的舒徐……苏州园林空间散发出的柔性之美的气息，既有地域文化的特色，又有道家文化的内涵。

（四）苏州园林的独特——装饰纹样及洞门花窗

1. 装饰纹样

（1）苏州园林装饰中的自然符号

苏州园林的核心是情趣，尤其自然情趣。一切布置都考虑人与自然情感交流，而通过园林领悟自然之美、自然协调，因此他们把喜爱的身边植物设计成为美丽的图案，在园林的花窗、漏窗、门楼、地铺、脊饰等上，配上了丰富的自然形象，增添了活跃的气氛。利用自然物体的象征性、谐音、寓意手法，将自然物作为人的思想情感的物化方式。

苏州园林装饰中的自然符号可以分为三种类型，即天体、植物、动物，可以看到苏州园林装饰中多类图案的丰富多彩。

①天体符号。园林装饰上，以天体符号为题材的图案不少。如日、月、飞云、冰雪等。例如太阳，苏州园林的装饰图案中，象征太阳的不少。一个是卐字图案。卐字是在古代一种象征太阳的图案，从卐字的四个头，多个卐字连缀起来，与其他的图案容易创造相连，灵活而富于变化，因此卐字的图案丰富多彩。另一个是回旋图案，太阳的光芒设计得和花瓣一样精美。寓意绵长不断、富贵吉祥。另外，在苏州园林，以月亮为代表的造型常做洞门。圆门像框景的作用，很优美，因此园林主人多用圆形的月亮门，特别是几个园林的洞门别出心裁，与门额组合各个有特色的风格，寓意圆满。

②植物图案。植物纹在苏州园林的装饰图案中最常见，海棠、梅花、荷花、葵花、石榴、贝叶、牡丹、葫芦等，漏窗、门窗、铺地上多使用。例如以四个花瓣为象征的海棠图案，漏窗、门窗、长窗、铺地等，在苏州园林的装饰小品中最多使用，添了很雅致的气氛，寓意春天使者、美好、理想等。例如梅花花姿秀雅，花开五瓣，人称"梅开五福"，故以五瓣为象征梅花，在苏州园林中都广泛运用。经常与冰裂结合，给人印象清爽。人喜爱梅，组合图案也不少，如与喜鹊组合为"喜鹊登梅"，寓意"喜上梅梢"。另外，松竹梅称"岁寒三友"，在苏州园林中都广泛地运用。寓意春天使者、优雅、清贞。例

如葵花，园林的装饰上葵花图案多用于漏窗、桥饰等。其图案样式陈式化，但也有很多变化。以八个花瓣来表达的较多，寓意太阳、忠诚。例如牡丹，牡丹在中国被称为"万花一品"，群芳受人特别喜爱。牡丹是一个主题花纹，在园林常与其他飞禽、小兽、花卉相配，组成各种吉祥图案，寓意富贵吉祥。例如葫芦，葫芦有多种意义的吉祥图案，人们喜欢用葫芦图案，苏州园林的门窗、铺地、漏窗、宝顶等装饰上常见。另外，以葫芦演变过来的宝瓶的图案多于洞门等上，寓意多子万代等。

③动物图案。在苏州园林常见的动物图案是蝙蝠、蝴蝶、鹤、魔等。以动物名称的谐音来做吉祥图案。例如蝙蝠的图案多见于苏州园林。如铺地、山墙、家具、隔扇门等，因蝠与福同音，为人们所喜爱，常与别的图案组成。另外，有关蝙蝠的装饰构件是"蝙蝠扇"。明代中叶以后风流的中国文人喜爱手里摇着的折扇，园林中出现扇状的亭、洞窗、铺地图案、家具等，造型优美潇洒，寓意幸福、富裕、长寿。例如鹤，鹤被认为是神圣动物之一，特别受到文人的喜爱，苏州园林中多有养鹤处，留园有"鹤所"，艺圃有"鹤砦"，都是养鹤之所。"松鹤长寿"图案表达长寿吉祥的寓意，为园林中常见的图案。寓意长寿、神圣。例如鹿，鹿是"仁兽"，而鹿与"禄"同音，意为在事业发展，仕途通达。在园林里鹿与松树配合的"松鹿长寿"、鹿与鹤配合的"六（鹿）合（鹤）同（桐）春"的图案常见，寓意事业兴旺、富贵、长寿。

（2）传统纹样的特征

第一，苏州园林传统纹样取材多样，纹样图案分为自然纹样和几何纹样，自然纹样取材广泛，如有吉祥寓意的动植物、物品、现象等。鸟兽类的有狮子、老虎、云龙、喜鹊、蝙蝠、凤凰、松鹤、鹿等。树木、花卉类的有松树、牡丹、梅花、竹、兰、菊花、芭蕉、荷花、柏等。物品类的有聚宝盆、文房四宝、花瓶等。其他还有表现神话故事、戏剧情节的图案及文字图案等。几何图案多由直线、弧线、圆形等组成，图案的种类繁多，常见的有以直线为主的六角景、菱形、书条、套方、冰裂、定胜等，以弧线为主的有鱼鳞、钱纹、海棠、波纹等，混合线型的图案有寿字、万字海棠、六角穿梅等。多样的取材充分展示了苏州园林的写意山水的艺术思想。

第二，苏州园林传统纹样技法多变，构图上四方连续、锦地开光、边缘纹样等骨架形式，表现端庄、纯净、洗练、清丽、纤巧，从而达到营造完美的居住条件与生活环境的目的。

第三，苏州园林传统纹样的运用广泛，可被运用在长廊装饰、漏窗、木门、装饰墙、瓦当等建筑装饰上，还可被运用在家具装饰上、道路的铺设图案上等。苏州园林是传统纹样的天堂。

第四，苏州园林传统纹样寓意吉祥、喜庆，这个时期各种纹饰都有丰富的寓意，象征着吉庆、万事如意、步步高升等的纹饰图案产生了，苏州园林的窗棂、花格、院门无不体现了文人雅士对美好生活的追求以及远大的政治抱负。

（3）传统纹样的设计手法

第一，构成手法。将传统纹样进行有序的拼贴与构造设计使其具有装饰性，就像壁画、浮雕，根据所处的空间客观存在的环境条件，最后将装饰品的装饰形态、内容、色彩、质感等要素按照统一对立的方式进行再次组合和排列，获得融为一体抽象的形式美感。

第二，移植手法。苏州园林的建造者通过对自然和社会的了解，利用一些物寄托自己对生活环境的情感，通过典型的图案表达社会文化价值、个人情感等，如以梅花、荷花托志等。

第三，异化手法。通过对传统纹样的保留、扭曲、增减、压缩、伸张等产生新图案，新图案被利用在各种适当的环境下，不同图案关系和谐。

（4）传统纹样寓意与意境的体现

中国造园自古以来都很注重意境的表达，意境是艺术形式的最高境界，是中国文人感性思维触景生情的表达方式。意境的基本特征是以有形表现抽象的感情，精神感受通过物质形态表达，以实景表达虚境，使得有限的具象和无形的想象结合在一起，化幻想为实境的精神境界就是意境。苏州园林的意境十分丰富，造园者所表达的弦外之音是通过将主观思想和意趣负载于具体形象之上，通过暗示、象征等手段实现的。在苏州园林中传统纹样的形式主要体现了以下几种意境：

第一，象征吉祥如意的传统纹样。在苏州园林中，传统纹样出现最多的是漏窗和家具装饰造型。如，冰裂纹窗格一般被运用在以木材为主的建筑装修中，是作为窗格图案来使用，以攒斗法用小木条拼接而成。古时候私塾是以家族为主的教育形式，教室多设在祠堂，教室的窗户很多采用冰裂纹窗格，象征寒窗苦读，喻示"冰冻三尺，非一日之寒"，激励学子要忍受十年的寒窗寂寞，最后"一举成名天下知"，光宗耀祖。在苏州园林中，冰裂纹运用广泛，不只是书房，其他空间的窗格也采用了冰裂纹。套方窗线条没有交合点，组成的图案象征吉祥，将这种传统纹样运用到窗格和门格上，有一种积极向上、永无止境的寓意，鼓励园林的主人在事业上不畏挫折，勇于面对现实，勇敢地坚持下去就会成功，还有福寿绵长的美好希望。其他传统纹样还有寿字、钱纹、万字海棠等。

第二，以物托志的传统纹样。苏州园林传统纹样中有狮子、老虎、云龙、喜鹊、蝙蝠、凤凰、牡丹、梅花、竹、兰、菊花、芭蕉、荷花、柏、聚宝盆、文房四宝等。这些纹样表达了园林主人的理想与抱负，同时将神话故事、戏剧情节、文字图案等采用浮雕等形式装饰在园林里，寄托园林设计者的理想。

2. 洞门

中国园林的园墙常设洞门（图 2-12）。洞门仅有门框而没有门扇，常见的是圆洞门，又称"月亮门"。从空间位置上分为：围墙上的门、

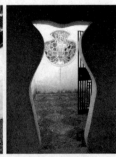

图 2-12　苏州园林洞门造型样式

园中园的门、园区隔断门。门洞的形状，随着建筑环境性质和所处位置的不同而千变万化。在园林中，洞门的形状较为简洁，多用方、圆和多边形，为了配合景观处理，门洞形状变得轻巧玲珑、丰富多彩，此类洞门被称为"什锦门"。根据边框线的特点，可分为三种，即曲线式、直线式和混合式。

洞门一般开设在云墙或其他院墙上，也有开设在亭、榭、长廊等必经之路的园林建筑的粉墙上，既满足景观需要"门内层岩小壑，委曲曼回"，又有利于人们的进出需要。根据位置的主次，洞门的形状也不同。主要位置的洞门通常是以贡式和圆形为主，贡式尺寸大约高度在 2 米，宽度在 1.5 米；圆形尺寸大约高度在 2 米，宽度在 2 米左右。次要位置的洞门以多角形和多曲线形为主，多边形尺寸大约高度 1.9 米，宽度在 1 米左右；多去线尺寸大约高度 1.85 米，最大宽度不超过 1 米。

园林中有的洞门不设砖细边框，这主要指曲线形门洞，例如秋叶形、葫芦形、古汉瓶等。有的设砖细边框，设砖细边框的月洞门，其边框以弧形青灰色清水磨细砖贴砌。洞门的侧壁和顶板以青灰色水磨方砖细构件镶砌，其上刨出挺秀的线脚，安装完毕后用油灰嵌缝，并用猪血砖屑灰嵌补砖面和线脚的空隙，干后用砂砖打磨平滑。边框里面，有单圈和双圈之分。内外双圈的，一位阴线，截面呈现凹弧；一为阳线，截面呈现凸弧。阴阳各一，寓含老庄哲理。更令人称绝的是，月洞门最底端的一段边框，为防游人脚踩而过度磨损，巧妙地嵌上了一片弧形花岗石，其弧度与两侧的边框完全吻合，天衣无缝。月洞门的上方，一面或两面往往还有题额。题额又叫砖额，在一方清水磨细方砖上，浮雕有点明景观内容的两个字，如"延月"，有的砖额成书卷式，则更富书卷气。

3. 漏窗

漏窗（图 2-13）常见于园林的各种墙垣上，在窗空中用望砖、瓦片等材料做成各种漏空图案，古称"漏砖墙"、"漏明墙"或"瓦花墙"。在漏窗外营造花木、山石、亭台等景观小品，游人可通过漏空

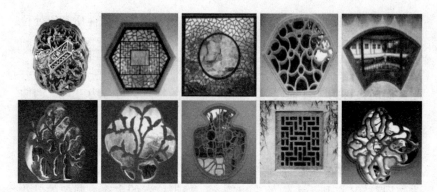

图 2-13　苏州园林漏窗造型样式

窗格去观赏窗外的景物，漏窗重"漏"，以实中有虚为宗旨。从整个墙面来说，总是以实墙为主，空漏部分为次，在面积上切忌虚实各半。所谓"漏"，就是要在封闭的园内空间漏出几处，引人入胜。墙上漏窗使本来呆板的墙面产生丰富的变化，又使各自相隔的摄区隔中有透，不致封闭，内外相连，增加层次。通过漏窗，看到窗外景色，增加宽敞和艺术感，在藏露隐显绰约之间引人探幽寻胜，产生"庭院深深深几许"的艺术境界。

漏窗窗框形状较为丰富多样，有方形、金锭形、多边形、圆形、扇形、海棠形、石榴形、莲花形、贝叶形、葫芦形、树形等及其他各种不规则形状，还有两个或多个形体结合使用的。虽然漏窗的形状复杂多样，但其使用总的说来还是有规律可循的。由于体形优美，漏窗多是单独出现在廊道的转折处或视线宜于集中的地方，以点的形式展现，从而形成视觉和审美的效果。

漏窗大多设置在园林的院墙、内部的分隔墙、走廊等建筑物墙上。苏州园林漏窗基本上它的位置是以人的视线高度为主，漏窗的下框一般离地面距离在 1.1—1.3 米左右，漏窗的中心位置一般距离地面在 1.6—1.7 米左右，最大的漏窗当数拙政园中部嘉实亭南苏州园林博物馆北的院培上有四个宽 1.2 米、高 2.5 米的的长方形漏窗。沧浪亭漏窗有一百多种式样，图纹构作精巧、变换多端、无一雷同，分布于各种游廊之中，便于人的视线将窗外之景纳入眼中，能够因地制宜、独辟蹊径，"斯所谓'巧而得体'者也"。例如在留园"古木交柯"对面游廊墙壁上有一组 110×110 厘米的漏窗，高低、距离基本一致。将园中秀色掩映，透过漏窗花格，清波绿树、奇石虬藤、粉墙黛瓦，仍隐隐可见。也有漏窗的位置离地面非常高，"止于人眼所瞩之处，空二三尺，使作奇巧花纹，其高乎此及卑乎此者，仍照常实砌"。也就是说这类墙是一般砖墙高度的两倍左右，下为实砌砖墙，上为漏砖或瓦砌花墙，从院外望去，便知墙内有亭泉叠山之胜、修竹古树之幽，苏州园林的拙政园园林博物馆院落四面墙上、网师园中殿春簃之南墙、留园冠云楼东墙、藕园听橹楼东围墙、环秀山庄的半潭秋水—山房东的马头墙均用此法。此类漏窗达到采光或通风透亮的作用、花砖漏墙不可攀援的防盗的作用、增加风雅美观的作用。

苏州园林漏窗的窗框通常为向内收而分三层窗框，不用水磨砖镶砌。漏窗通常由外框、内框、窗芯组合而成。根据制作漏窗的材料不同，可以把漏窗分成砖瓦搭砌漏窗、砖细漏窗、堆塑漏窗、木质漏窗、钢网水泥砂浆筑粉漏窗、烧制漏窗等。

4. 景窗

景窗（图 2-14）又称为砖框花窗，主要位丁厅堂的山墙或后包檐墙上，山墙部位的景窗其上通常设戗檐。通过景窗首先可以采光、透明、增加室内的宽敞感；其次可以欣赏室外的景色，拓宽景色空间的层次和空间感；再次景窗通常以固定形式与砖细窗框连接，窗芯做成两层，中间配以整块玻璃（窗外有防雨条件的，没有外侧就是一块

图 2-14 景窗

玻璃），达到挡风避雨的功能，一般是不能开启，多为独立设计的窗。这三种功能是景窗与漏窗最大的区别。

景窗的外框同漏窗比较起来，由于是厅堂内的山墙和包檐墙上，有一定的局限性，外框的大小也和景窗的位置、窗外的景色有很大关系。其外形主要以正方形、长方形、圆形、正六边形、长六边形、正八角形、长八角形等基本形状为主。景窗的窗芯同其他形势的窗扇一样繁多，窗外有景可观、美丽如画的常用中间以大的方棚（方、圆），四周配以图案有回纹、冰裂纹、藤景、万字、葵字、龟背、八角、六角等不同形式；窗外需透景、分景时，窗芯图案由两个甚至多个基本图形混合而成，如万川回字形、万字书条式、乱冰片撑方棚、乱冰片穿梅、宫式八角灯景、葵式软脚撑方棚等等。

景窗由外框、窗框、边条、窗芯四部分组成，尺寸根据建筑物的比例而定。外框一般设水磨青砖拼合而成的砖框，窗框一般由木框组成，窗芯的图案变化丰富、种类繁多、形式多样。一种是景窗中心部位设有棚子，以方形、圆形、多边形为主，四周装饰有复杂的各种图案；一种是中间图案变化丰富，而周围的形式比较简单；一种是整个窗芯由图案组成，同漏窗或支摘窗相似。网师园小山丛桂轩的北墙正中，一正方形 1.6×1.6 米砖框景窗，窗中心为直径 0.4 米的圆形棚子，四周饰以冰裂纹格，透过中间玻璃，可见重峦叠嶂、山石嶙峋的云冈；令人生深山幽谷之感，冬日观去，俨然赵佶的《雪江归棹图卷》，雪岭高耸、备见严寒、雄劲削瘦。留园的汲古得修绠和还我读书处、沧浪亭的翠玲珑、狮子林的燕誉堂和立雪堂、藕园的山水间等皆是此类型。

苏州地处太湖之滨、气候宜人，四季分明，风景秀丽，人杰地灵，人文荟萃，在这样的自然环境和人文环境下，形成了苏州人特有的生活方式和城市风貌，苏州人不追求雄伟壮大，更喜小桥流水，小巧玲珑，优美洗炼的园林建筑造型，粉墙黛瓦、典雅的色彩，室内外空间，一切来自自然又融于自然。历史形成的建筑形态和装饰风格具有浓郁的地方特色，特有园林空间艺术语汇构成了独特的苏州园林艺术的风格。

二、北京四合院的正统与严谨

北京四合院，天下闻名。在北京住过四合院的人，一旦离开北京，便会常常思念着他那曩时的故居，那大的或者小小的院落。没有到过北京，没有居住过四合院的人，也有不少人慕四合院之名，寄以许多美丽的想象，或读书籍，或见图片，或看电影，留下一些四合院的影子，便常常寄以无限的憧憬。陶渊明诗云："众鸟欣有托，吾亦爱吾庐。"人同此心，心同此理，在漂泊的人生道路上，谁不希望有一个安定而恬静的家呢？四合院，不管大的、小的，关上大门过日子，外面看不见里面，里面也不必看到外面，与人无憾，与世无争，恬静而安详，是理想的安乐窝，明清两代，及至几十年前，北京不知有多少人在那数不清的四合院中，安家立业，抚幼养老，由婴儿到成人，由黑头到白发，一代代，一年年，真不知经历了多少岁时……

四合院，北京的四合院，先要把这个概念的涵义解释一下。所谓四合，"四"指东、西、南、北四个方向，"合"即四面房屋围在一起，形成一个"口"字形的结构。经过数百年的营建，北京四合院从平面布局到内部结构、内部装修都形成了京师特有的京味风格。北京正规四合院一般以东西方向的胡同而坐北朝南，基本形式是分居四面的北房（正房）、南房（倒座房）和东、西厢房，四周再围以高墙形成四合，开一个门。大门辟于宅院东南角"巽"位。房间总数一般是北房3正2耳5间，东、西房各3间，南屋不算大门4间，连大门洞、垂花门共17间。如以每间11—12平方米计算，全部面积约200平方米。

北京四合院中间是庭院，院落宽敞，庭院中莳花置石，一般种植海棠树，列石榴盆景，以大缸养金鱼，寓意吉利，是十分理想的室外生活空间，好比一座露天的大起居室，把天地拉近人心，最为人们所钟情。四合院是封闭式的住宅，对外只有一个街门，关起门来自成天地，具有很强的私密性，非常适合独家居住。院内，四面房子都向院落方向开门，一家人在里面和和美美，其乐融融。由于院落宽敞，可在院内植树栽花，饲鸟养鱼，叠石造景。居住者不仅享有舒适的住房，还可分享大自然赐予的一片美好天地。

北京四合院虽为居住建筑，却蕴含着深刻的文化内涵，是中华传统文化的载体，具有其独特的魅力。

（一）厚实严谨

1. 以院落为中心是南北四合院的最大差异之一。院落的中心地位在北京四合院的设计中尤为突出，四周实体建筑呈现向心凝聚的主要格局。传统北京四合院中的庭院空间是由不同的院落串联而成的，有几进建筑就有多少院落空间。院落是传统北京四合院的精髓，是其被称为宜居建筑的主要因素之一。

2. 中轴线的贯通是北京四合院造型的标志性特点。以南北纵轴线为中心，东西轴线为辅助，东西建筑呈对称之势，处在中轴线上的建筑就是整个四合院的最高权力的象征。中线为轴，左右对称，两边的建筑形体构成和体量轻重均一致，这样的造型特点给人以严整、均衡的感觉。不但是建筑实体的围合也是人心理的围合，是传统北京人寻求庄重，期盼安宁的心理状态。传统北京四合院虽然整体规整，布局对称森严，但是整齐划一当中也不乏变化，比如运用构件的比例、虚实或是门窗上镂空的疏密、大小等来求得和谐中的灵活多变。

3. 传统北京四合院的方位是根据北京城的总体设计而来的。当时的建筑设计与城市规划联系得相当紧密。北京城以紫禁城为中心呈环状向外分布的是民居。每个四合院与四合院之间有胡同相连，逐渐发展，就形成了今天北京环形的格局。传统北京四合院的方位是根据胡同的走向而定的。北京城的胡同多是东西走向的，因此传统北京四合院大多数是坐北朝南或坐南朝北的。这里所说的坐向都是相对宅门的位置而言的。无论宅门开设在什么位置，院内的正房都是坐北朝南的。大到北京城，小到每个四合院的住宅方位都体现了传统文化向心、内敛的总体特点。

一定数量的建筑组合在一起必然存在着排序的问题。正是多样的建筑组合形式才构成了传统北京四合院高低错落、综合交错的丰富形式。传统北京四合院是庄重、严谨的有序序列和自由灵活的无序序列的结合体。以图中标准的四合院来说。人从一个空间进入另一空间可以沿轴线进入，形成周而复始，来回循环的有韵律的视觉感受，也可以沿着檐廊迂回曲折地进入空间，从而产生开启（大门）、发展（一进院）、高潮（中心庭院）、结尾（三进院）的序列感来。这是古人运用建筑序列的丰富变化打破四合院规整、对称的格局的体现。

（二）错落有致

空间设计是建筑设计的主要内容，空间的形式、特征是建筑表达其自身含义的重要手段。建筑空间包含三方面的内容。首先是物理空间，也是我们最先理解的空间大小、空间形式等内涵。其次是人们逐渐意识到在建筑空间中随着身体的移动和视线的转移，空间会呈现出变换无穷的形式，给人不同的感受。这样的空间就包含了艺术的含义，即空间是一种独立的艺术。最后，空间的最深刻的含义就是行为化的空间。即深入细致地研究人们在空间中的具体行为而进行的人性化的空间设计。传统北京四合院所提供的不仅是屋顶下的建筑空间，还有四面房屋所围合的院落空间以及联系各进建筑空间和院落空间的步廊，是这些要素带给人独特的空间感受。其独到之处值得我们深入的研究。

1. 空间的点、线、面的构成。为了营造出空间的灵活感，传统北京四合院巧妙地运用了点、线、面的构成来体现空间的错落有致。以三进四合院为例，传统北京四合院以墙为边线，形成了一个封闭的方正的空间。如图所示，在图中由大门和倒座房与垂花门围合的空间是一进院落；由垂花门沿东厢房，正房至西厢房间围合成的二进院落；由正房到后罩房又形成了三进院落，这三个大面积的露天院落抽象成三个面。院落内的回廊和便道以及四周的墙体抽象成线。在东西厢房间与耳房之间多会留有一小块空地，加上庭院中随处种植的数目，都抽象为大小不一、错落有致的点。从简化了的北京四合院的平面图来

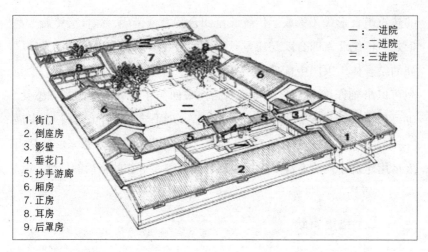

一：一进院
二：二进院
三：三进院

1. 街门
2. 倒座房
3. 影壁
4. 垂花门
5. 抄手游廊
6. 厢房
7. 正房
8. 耳房
9. 后罩房

图 2-15　三进四合院

看它形成了以点为装饰，面与线有韵律、有节奏地呼应在一起的空间形式。（图 2-15）

2. 空间的方向性限制。基面下沉。相对于房屋的台基，北京四合院属于一种下沉式的空间。这样的空间方向性限定，从形式上，可以划分内外空间以及突出庭院内向性的特征；从使用的角度分析还可以防潮、排水，集艺术与使用于一身。独立的垂直面。在北京四合院的空间布局中除了墙、柱等这些垂直要素外，值得一提的是它巧妙的运用了独立的垂直面作为空间分割手段。如北京四合院中大门入口处经常设有影壁，用来区分宅内外空间。独立的影壁不但是主人身份地位的象征，更是人为设计出来的空间的宅界线。

3. 行为化空间设计。建筑空间设计的最深层次的目标就是适宜人的居住、满足人生活对空间的心理需求。北京四合院在行为化空间设计方面有着自己的特殊观点。建筑的空间分为公共空间和私密空间。在现实的生活中公共空间直接衔接着私密空间是不合理的，私密空间会受到打扰，居住者心理上也会有不安全的因素。北京四合院巧妙地运用了影壁、檐廊等建筑单体的设计，缓解了公共空间向私密空间过渡的问题。与西方别墅外向型的设计思路不同，北京四合院秉承了传统文化内向、平和的方式。按照空间顺序解读，首先，北京四合院是一个封闭自主的空间，大门处的影壁设计就缓和了胡同的公共空间与四合院空间过渡的突然性。人站在大门处无法一眼看穿整个院子，不但视线被阻挡了，更重要是的是符合人居住、生活的私密性心理需求。

紧接着影壁与住房之间的一进院空间设计也是对外界空间的再阻隔，这样处理一些日常与外交往的事情就不会干扰院内的居住者，最后进入到四合院的内院。在西方别墅前往往也有院落的设计，但该空间与外界空间有本质的一致性。北京四合院的庭院空间是内部的，不是敞开式的，所以它与北京四合院的室内空间是有本质的一致性的。作为内部庭院的空间虽然也是公共空间，但是相对于院外的胡同空间，其私密性更强一些。北京四合院行为化空间设计中的亮点就是内宅中的檐廊设计。檐廊也是一个公共空间向私密空间过渡的设计，它相对一进院的过渡更显得隐秘一些。檐廊一侧衔接厢房的墙体，另一侧阻隔着内部庭院的干扰。檐廊在北京四合院的空间设计中起着至关重要的作用，它是住宅中的交通空间，也是室内外过渡的关键，模糊了室内空间和院落空间的界限，丰富了空间视觉感。

（三）华而不奢

传统北京四合院不仅建筑造型考究、空间布局规范，而且在装饰艺术方面也表现得疏密有致、繁简得当。传统四合院的装饰范围很广，除了梁柱、斗拱等大的木作结构部分，其余的细节构架均渗透着装饰的韵味。但这种装饰不是平铺直叙的，而是有针对性、有重点的修饰，在视觉上形成了错落的节奏感和强烈的对比效果。从而使得传统北京四合院的装饰艺术呈现质朴大气、华而不奢的特点。

1.疏密有致，繁简得当。传统北京四合院的装饰形式主要表现在木雕、瓦雕、石雕、琉璃、彩绘等方面（图2-16），贯穿于传统北京四合院的内外。在雕刻艺术方面，砖雕的比重是最大的。主要应用于门头、影壁、廊心墙、槛墙和屋脊等地方。砖雕的雕工精湛、凹凸部位处理得严谨得当，借助室外光线和建筑构件巧妙地融合在一起，形

图 2-16　北京四合院的木雕、砖雕和琉璃瓦

成变幻的光影效果。石雕的装饰主要用于大门口的门枕石、上马石、石敢当等方面。传统北京四合院是木式构架的，而非墙体承重，因此室内空间相对比较灵活，往往需要内部装饰来引导交通，阻隔视线。木式装饰的隔断、花罩、博古架等，不但做工精美，与外在建筑设计遥相呼应，而且拆装自如，可以灵活地调节室内的空间。在外体建筑的结构处也饰以木雕来修饰。

　　彩绘艺术初始的目的是为木结构的防腐、防裂，发展到后来就具有较高的艺术价值了。传统北京四合院的彩绘艺术多出现在宫廷、王府大院的门头和内部的天花上。传统北京四合院的彩绘形式主要有和玺彩画、旋子彩画、苏式彩画，这三类彩画是按建筑的等级依次降低排列的。绘画风格由最初的北方画风逐渐演变到集合了南北画派之长的特色，既奔放大气又不失清秀与雅致。构图灵活、内容丰富。在用色方面，传统北京四合院呼应了当时北京城的整体色彩风格，多采用红、蓝、绿、黄、黑等色系，充分考虑了城市整体的特点，做到既有整体又有局部，在变化中寻求统一的设计思路。（图 2-17）

　　2. 寓意丰富，等级分明。传统北京四合院的装饰内容非常丰富，不仅形式多样并且寓意深刻。除了表达古人对美好事物的期盼和向往之外，有的还有教育意义。特别值得一提的是，传统北京四合院的装饰不是独立于建筑的附属物，它与建筑形态是密不可分的。很多装饰的起源都是以建筑功能的需要而慢慢发展起来的，因此不可忽视其内

图 2-17 北京四合院的彩绘

在的功能性。传统北京四合院无论在装饰题材和装饰形式上都是等级分明的。秉承建筑的等级特征，装饰等级制度也有着严密的规定。如龙、凤等纹样不能出现在平民的住宅中。传统北京四合院中大到墙面上的雕刻纹样小到大门上的一个铜件都是身份等级的象征。

（四）怡然自得

传统北京四合院不仅是合院建筑的代表，更是老北京文化的体现，是悠然的自我与外在景物水乳交融的综合体现。传统北京四合院最引以自豪的就是它灵巧的设置给人们带来的宜居生活，是公认的人、居、环境的理想典范。

传统北京四合院基本上都是房房相离式的，房屋的净高都不是很大，而院落却比较宽敞。这样的设置是因为北方冬天比较寒冷，日照角度小，四合院的纵深不高，可以保暖，房间之间的距离大可以让阳光照进每个房间。这样在四合院中无论哪个房间都能享受到冬暖夏凉的宜居生活。许多文人墨客在四合院中留下了"门掩黄昏，无计留春住""满枕蝉声破梦来""梅花一夜开金屋"等雅句，都是形容四合院中怡然的生活。传统北京四合院建筑中对自然景观的设计是自然美、人工美以及神韵美的相互渗透综合而来的。达到了虽由人作，宛若天开的境界，是居住生活的最高追求。

传统北京四合院的院内除通向各房间的十字形砖铺路外，其余都是土地，可以用来植树栽花种草。在十字形路的中心位置往往放置一个荷花缸或鱼缸，在正房前的绿地上般都种石榴、夹竹桃等象征吉祥的植物。老北京人常说的，天棚、鱼缸、石榴树，一家人围坐在开敞的庭院中间，仰天品茶，聊着家事、国事、天下事，是老北京四合院中常见的情景。老北京四合院中的邻里情意、胡同情怀是数代人的记忆。溜鸟、养猫、老老少少围看象棋，避开车水马龙的喧嚣，欣赏地上斑驳的树影，感受清风迎面徐来，天宇澄清，心远怡然，这些居住感受是现代钢筋水泥的高层住宅所望尘莫及的。

（五）北京四合院的门和木雕

1. 北京四合院的门

（1）宅门

四合院设计中，宅门是住宅的出入口，是宅院的门面，中国人历来重视宅门的作用。历代统治者都把门堂制度看作是封建等级制度的重要内容，并对各种门堂的建制做出具体而严格的规定，使宅门从建筑的规模、形式、装修色彩、建筑材料的使用等各个方面都划分出森严的等级，从而使宅门成了宅主人社会地位和经济地位的重要标志。这种观念渗透到社会生活领域又派生出"门第""门阀""门派""门户"等各种复杂的等级观念，深刻地影响着人们的生活。浸透在中国传统住宅文化中的四合院风水学说，也格外重视宅门的作用。它在确定建筑的吉凶时，首先将宅门定在坐宫卦位，使之处于吉祥位置。

四合院住宅的宅门，从建筑形式上可以分为两类：一类是由房屋构成的屋宇式门；另一类是在院墙合拢处建造的墙垣式门。北京四合院的屋宇式宅门主要有广亮大门、金柱大门、蛮子门、如意门和随墙门。

①广亮大门

广亮大门（图2-18）是具有相当品级的官宦人家采用的宅门形式。广亮大门位于宅院的东南角，一般占据倒座房东端第二间的位置。它的进深方向的尺度明显大于倒座房，显得非常突出。广亮大门

带反八字影壁的广亮大门

图 2-18　广亮大门

的台基高于倒座房的台基，柱高也明显高于倒座房，从而使它的屋面在沿街房屋中突兀而起，格外显赫。

广亮大门门庑的木构架一般桌用五檩中柱式，平面有六根柱子，分别是前后檐柱和中柱。中柱延伸至屋脊部分直接承托脊檩，并将五架梁切分为双步梁和单步梁。这种做法可以利用短料，节省长材。

广亮大门的门扉设在门庑的中柱之间，由抱框、门框、余塞、走马板、抱鼓石（或门枕石）、板门等组成。门扉居中，使得门前形成较大的空间，使大门显得宽敞而亮堂，这可能就是广亮大门名称的由来。大门的外檐柱间，檐枋之下安装雀替。这一构件既有装饰功能，又能代表大门的规格等级。

广亮大门的装饰也很讲究，门庑山墙墀头的上端，有向外层层挑出的砖檐，称为"盘头"。盘头通常由四层砖料组成，砍磨加工成半混、炉口、桌的形式叠涩"挑出"构成优美的曲线。盘头之上的两层砖料，称作"拔檐"，再上是向外斜出的方砖，称为"戗檐"。广亮大门墀头部分的戗檐砖可做得素朴无华，也可以做出精美的雕刻。

抱鼓石和门簪，也是广亮大门着意装饰的部位。抱鼓石是安装在大门的下槛下面的石构件。其门槛以内部分呈方形，上面装有铸铁海窝，做承接门扇之用，称为门枕石。门枕石的外侧打凿成圆鼓形状，其上镌刻卧狮兽面和其他吉祥图案。门簪是用来锁合中槛和边梃（俗称门龙）的木质构件，因其形状和功能类似旧时妇女固定发髻的簪子，故名门簪。门簪的头部呈六边形，一组四只，在迎面刻"平安吉祥"或"福禄寿喜"等吉辞，也可雕刻牡丹、荷花、菊花、梅花等四季花卉。

广亮大门多由相当品级地位的官宦居住，大门的色彩、装饰受到比较严格的限制，一般不施华丽的彩画，仅做适当的点缀。有的广亮大门在山墙墀头两侧做两块反八字影壁（又称撇山影壁），使大门前面形成一个小广场，更显出广亮大门的气派，这种做法在实际中也很常见。

②金柱大门

金柱大门（图2-19）是形制上略低于广亮大门的一种宅门，也是具有一定品级的官宦人家采用的宅门形式。金柱大门与广亮大门的区别主要在于，门扉是设在前檐金柱之间，而不是设在中柱之间，并由此而得名。这个位置，比广亮大门的门扉向外推出了一步架（约1.2—1.3米），因而显得门前空间不似广亮大门那样宽绰。金柱大门的木构架一般采取五檩前出廊式，个别采取七檩前后廊式，平面列三排或四排柱子，即前檐柱、前檐金柱（后檐金柱）、后檐柱。金柱之上

图2-19　金柱大门

图 2-20　蛮子门

承三架梁或五架梁，檐柱、金柱间施穿插枋或抱头梁。同广亮大门一样，金柱大门外檐檐枋之下也施雀替作为装饰。

③蛮子门

蛮子门（图 2-20）是将槛框、余塞、门扉等安装在前檐檐柱间的一种宅门，门扉外面不留容身的空间。这种宅门从外表看来，不如广亮大门和金柱大门深邃气派。至于它名称的由来，更无确据可考。有一种说法是，到北京经商的南方人为安全起见，特意将门扉安装在最外檐，以避免给贼人提供隐身作案条件，并因此而得名为蛮子门。蛮子门的形制低于广亮大门和金柱大门，是一般商人富户常用的一种宅门形式，其木构架一般采取五檩硬山式，平面有四根柱，柱头置五架梁。宅门、山墙、墀头、戗檐处做砖雕装饰，门枕抱鼓石或圆或方并无定式。

④如意门

如意门（图 2-21）是北京四合院采用的最普遍的一种宅门形式。它的基本做法是在前檐柱间砌墙，在墙上居中留一个尺寸适中的门洞，门洞内安装门框、门槛、门扇以及抱鼓石等构件。如意门洞的左

图 2-21　如意门

右上角，有两组挑出的砖制构件，砍磨雕凿成如意形状（一称"象鼻枭"）。门口上面的两只门簪迎面也多刻"如意"二字，以求"万事如意"，这大概就是如意门名称的由来。

如意门这种宅门形式，多为一般百姓所采用，其形制虽然不高，但不受等级制度限制，可以着意进行装饰。它既可以雕琢得无比华丽精美，也可以做得十分朴素简洁，一切根据主人的兴趣爱好和财力情况而定。做得讲究的如意门，在门楣上方要做大面积的砖雕，砖雕多采用朝天栏杆形式，它的部位名称由下至上依次为挂落、头层檐、连珠混、半混、盖板、栏板望柱。在这些部位，依主人的喜好或传统装饰内容，分别雕刻花卉、博古、万字锦、菊花锦、竹叶锦、牡丹花、丁字锦、草弯等图案。如果房主的财力不够或偏爱素雅，则可做素活，或只加少许雕饰作为点缀。更简朴者，还可用瓦片摆出各种图案。总之，形式多样，不一而足，充分体现了如意门头装饰的随意性。

如意门的构架多采用五檩硬山形式，平面有四或六根柱。两根前檐柱被砌在墙内不露明，柱头以上施五架梁或双步梁。如意门区别于其他宅门的地方，是前檐柱间的门墙以及它的构造的装饰。如意门的门口，要结合功能需要和风水要求确定尺寸，一般宽约 0.9—1 米，高约 1.9 米（指门口里皮净尺寸）。民间有"门宽二尺八，死活一起搭"的说法，是指二尺八的宽度已能满足红白喜事的功能需求。这个尺寸也正好合乎门尺中"财门"的尺度要求。如意门的门楣装饰，无论是采取冰盘檐挂落形式，还是采取其他形式，它上面的砖构件都要接近檐椽下皮，将檐檩挡在里面，不使露明，以突出砖活的完整性。

图 2-22　墙垣式门

⑤随墙门

随墙式门（图 2-22）多用在较小和较简陋的四合院住宅中。它的特点是大门不是独立的屋宇，只有半个开间，或者没有开间直接在住宅院墙上开门。院门较窄，在门上方或左右的墙上略作装饰处理，所以叫随墙门。随墙门门上的屋顶是简单的硬山式，但门框、门板、门簪和枕石等一样也不差，还有精致的砖雕。最常见的一种称小门楼随墙门，就是在门洞的上方将院墙升高，上面加一屋顶，顶上用卷棚元脊或者清水脊，屋面覆筒瓦或仰覆瓦，屋顶下讲究的还做一些花草的砖雕装饰。再简单一些的是一种栅栏门，俗称"菱角门"。即在门洞两边用木柱，上有梁枋，门上挑出小顶，门扇为直棂，组成栅栏形式，这类门多用做四合院的旁门。

除去以上五种门之外，实例中还有各种不同形式的门，如大车门、栅栏门、半间门、小窄门，等等。这些形形色色的门，除有特殊功能者外，都是以上几种门的简化或变形，其构造与以上宅门类似，故不再逐一详述。

（2）垂花门

垂花门是在进入宅院大门第一进院以后，要步入内宅的标志性的一道门。它与倒座相对，绝大多数是坐北朝南的，少量朝北或朝东，与正厅、正房等同在一条南北向的主轴线上，进内宅后的抄手游廊、十字甬路均以垂花门为中轴而左右分开。垂花门前檐柱不落地，形成垂莲短柱，柱端做成莲蕾形的垂珠，所以称为垂花门。垂莲柱的垂珠形式多样，有风摆柳、仰莲、花簇头、雕花方形等，但以垂莲形为最正规。垂花门形制完整，装饰精美，有很高的艺术性。这一道宅门，是内宅和外宅的分界，所谓"内外有别""大门不出，二门不迈"，这二门就是垂花门，垂花门内就是旧时妇女活动的窄小天地了。因垂花门位置显要，界分内外，装饰极尽华丽，因此是全宅中最为醒目的地方（图2-23）。

垂花门从外边看，像一座极为华丽的砖木结构门楼。而从院内看垂花门，则似一座亭榭建筑的方形小屋。四扇绿色的木屏门因为经常关着，恰似一面墙，增加了垂花门的立体感。垂花门的顶部多为卷棚式，门外部分的顶部为清水脊，而门内部分则是卷棚顶，两顶勾联搭在一起的交汇处形成了天沟，垂花门所承接的雨水有一半从天沟的两侧流出，大大减少了檐前的滴水，减少了雨水对垂花门阶石的侵蚀。

垂花门是装饰性极强的建筑，各个突出部分几乎都有十分讲究的装饰。一般建在三层或五层的青石台阶上，两侧为磨砖对缝的精致砖墙，垂花门向外一侧的梁头常雕成云头形状，称为"麻叶梁头"，这种做出雕饰的梁头，在一般建筑中是不多见的。在麻叶梁头之下，是雕饰精美、色彩艳丽的垂莲短柱。联络两垂柱的构件也有"子孙万代""岁寒三友""玉棠富贵""福禄寿喜"等吉祥寓意的雕饰（图2-24）。

垂花门除了装饰特点外，它的作用还在于能表现出宅主的财力、家世的繁衍、文化素养的高低，甚至还能看出宅主的爱好和性格。凡垂花门都有两种功能，第一是要求有一定的防卫功能，为此，在向外一侧的两根柱间安装着第一道门，这道门比较厚重，与街门相彷佛，名叫"棋盘门"，或称"攒边门"，白天开启，供宅人通行，夜间关闭，有安全保卫作用。第二是起屏障作用，这是垂花门的主要功能。为了保证内宅的隐蔽性，在垂花门内一侧的两棵柱间再安装一道门，这道门称为"屏门"。除去家族中有重大仪式，如婚、丧、嫁、娶时，需要将屏门打开之外，其余时间，屏门都是关闭的，人们进出二门

图 2-23　界分内外的垂花门

图 2-24　垂花门的雕刻装饰

时，不通过屏门，而是走屏门两侧的侧门或通过垂花门两侧的抄手游廊到达内院和各个房间。垂花门的这种功能，充分起到了既沟通内外宅，又严格地划分空间的特殊作用。

（3）墙门和耳门

墙门指的是直接在墙上开洞口的门。多为房屋山墙处开的便门，或者上部带有伸出的迁延顶。有的墙门不装门扇，有各种奇异的造型，起美化墙门、丰富空间层次的作用，称为"门空"。可见墙门既是出入的通道，又可以是一种装饰手段（图 2-25）。墙门并非正门，不受规范限制，可以随意进行设计，因此造型多样。在式样上有圆形的月洞门；有取植物花样的海棠花形、莲花瓣形、牡丹瓣形、葫芦形、秋叶形；有仿照器物的汉瓶形、云头执圭形。此外，还有采取椭圆、六方、八方等几何形状的。另外，据有关资料记载，还有剑环式、方盝式、花斛式、薯草瓶式、唐罐式、圭窦式等富有装饰趣味的墙门样式。

在中央的院落中，耳房与厢房之间有道门，较窄小，称为"耳门"。（图 2-26）耳门是连接中院和后院的一道门，也是墙门的样式，穿耳门有过道可通后院。

2. 北京四合院的木雕

木雕应用于传统建筑的历史，可追溯到七千年前的新石器时代晚期，在商代已出现了包括木雕在内的"六工"。据《周礼·考工记》

图 2-25　月亮形墙门　　　　　　　　图 2-26　耳门

"梓人"篇载:"凡攻木之工有七:"轮、舆、弓、庐、匠、车、梓。"梓为梓人,专做小木作工艺,包括雕刻。战国时期,"丹楹刻桷"已成为宫廷建筑的常规做法。

　　南北朝时期有关木雕的记载更为具体详尽。隋唐以后,雕刻已成为制度,记载于《营造法式》中,并将"雕饰"制度按形式分为四种,即混作、雕插写生华、起突卷叶华、剔地洼叶华,按当今的雕法即为圆雕、线雕、隐雕、剔雕、透雕,明清时期又出现了贴雕、嵌雕等雕刻工艺,使木雕技术得到进一步发展。从北京四合院的建筑木雕来看,它主要包括建筑的梁架构件,外檐与室内等部分装饰装修,其中外檐部分主要包括各式门窗、栏杆、挂落等;室内部分主要包括分隔空间的纱隔和花罩,以及形式多样、雕工精美的室内陈设家具。由此可见,建筑木雕装饰是木雕装饰与建筑构架、构件的有机结合,并利用其木制材料进行雕饰加工,丰富建筑空间形象而形成的雕饰门类,是建筑内外环境装饰中的一种重要装饰形式与装修处理手法,是一个由民族世代相传,长期积累下来的文化成果。

　　(1)木雕装饰部位和雕刻题材

　　①宅门的雕刻:门簪、雀替、门联。门簪位于门口上方,用以锁合中槛和联楹,其朝外一面做成圆形、方形、点线多边形等断面,朝外看面加上木雕花饰。其尾部是一长榫,穿透中槛及联楹,伸出头,插上木楔使联楹及中槛紧密固定。门簪的形式多种多样,大的门用四颗门簪,小门用两颗门簪。门簪正面雕刻题材有四季花卉——牡丹

（春）、荷花（夏）、菊花（秋）、梅花（冬），象征四季富庶；有吉祥文字——团寿字、"福"字或"吉祥"、"平安"等吉祥祝辞；有汉瓦当等图案，雕法多采用贴雕，雕好以后贴符于门簪看面上。

雀替用于广亮大门，金柱大门，还有檐枋下面的；其上雕刻内容多为蕃草，均采用剔地突雕法。门联亦是宅门的雕刻内容之一，镌于街门的门心板上，通常采用锓阳字雕，属隐雕法，字体多为行书、隶书、魏碑、篆字。门联走出桃符辟邪，春联纳吉的题材局限，以中国书法的内容和形式，从道德理想、审美情趣、治家名言，刻方块汉字，驿文偶句的书法效果，朗读效果……一并来为门户之饰增色添彩，无限的情调与韵味，于左右门楹、上下联句。

②垂花门的雕刻：花罩、花板、垂柱头。垂花门的罩面枋下多用花罩，其雕饰内容多为岁寒三友（松、竹、梅）、子孙万代（葫芦藤蔓）、福寿绵长（寿桃蝙蝠）一类民俗中常用之吉祥图案组合；也有少数大宅门采用回纹、万字、寿字等汉文组合成的万福万寿图案。在垂花门正面的檐枋和罩面枋之间由短折柱分割的空间内嵌有透雕花板，雕饰内容以蕃草和四季花草为主。

垂花门的垂柱头有圆、方两种形式，圆柱头雕刻最常见的有莲瓣头，形似含苞待放的莲花，还有二十四气柱头（俗称风摆柳）；方柱头一般是在垂柱头上的四个面做贴雕，内容均以四季花卉为主。

垂花门上面的垂柱与前檐柱之间安装骑马雀替或骑马牙子也做雕刻（同雀替）。讲究的垂花门，包括月梁下的角背上均附有精美的雕饰，使得垂花门格外华丽。

③隔扇门：是用于房屋明间外檐的门，由外框、隔心、裙板、绦环板及若干抹头组成。一般为四扇，抹头数目有四、五、六三种。格心用木制棂条花格，王府隔扇门多用菱花格，裙板、绦环板上施以浮雕、贴雕或嵌雕，花饰为如意、花卉、夔龙、福寿图案及风景、人物、故事画幅等。

在隔扇门中间两扇的外面加有一道帘架，其为适应北方冬夏季气温变化挂风门及帘子之用；它的形象颇为完美，固定边框的构件，下端雕刻用荷叶墩，上端用荷花栓斗。

④窗：槛窗、支摘窗、什锦窗。其中，槛窗用于较郑重的厅堂；支摘窗是北京四合院房屋普遍使用的窗户；什锦窗用于四合院的游廊及宅院中，其外廓有圆、方、多边、银锭、扇面、器物、果蔬形。

槛窗、支摘窗间用木棂条组成盘长、步步紧、龟背锦、马三箭、豆腐块、冰裂纹、万字不到头等图案，局部设有花卡子，分圆形与方形，图案有蝠、桃、松、竹、梅等。

⑤隔断：隔断是北京四合院屋室内分隔空间的构件，有活动式或固定式两种，按功能可为间隔式和立体式两类，兼有装饰和实用价值。

隔扇：室内分隔空间用的隔扇，又称碧纱橱。其做法同隔扇门。碧纱橱由槛框、横披、隔扇组成。根据房屋进深大小，采用六至十二扇隔扇。裙板及绦环板上通常按照传统题材做落地雕或贴雕，内容以花卉和吉祥图案为主，偶有人物故事；多用子孙万代、鹤鹿回春、岁寒三友、灵仙竹寿、福在眼前、富贵满堂、二十四孝图等。

罩：用隔扇分隔是需要完全封闭的空间时使用的，如若不需要完全分隔，就用罩来分间，北京四合院中大面积雕刻，主要见于室内之花罩。罩的种类很多，主要以下几种：

栏杆罩：槛框、大小花罩、横披、栏杆。其用于较大的房间，有四根落地的边框，将房屋进深间隔成中间大，两边小的三开间。中间的部分与几腿罩做法一致。两边部分的上端也同于几腿罩，只是下端加上栏杆。

几腿罩：用于进深较浅的房间，这种罩的两根抱框不落地，它与上槛、挂空槛之间的关系，犹如一个几案。这两根抱框正像几案的腿。故而得名。

落地罩：包括槛框、花罩、横披与隔扇。两端的抱框落地，紧挨着抱框各安一扇隔扇，隔扇下端做须弥墩。

圆光罩、坑罩、八方罩：这几种基本上沿着开间分隔空间用的罩。于两柱之间做装修，留出门的位置，门之形状可圆、可方、可六角、可八方，而形成的罩。

博古架：做成博古架形式，留出通行之洞口，也是室内隔断的一种方式。进深与开间两个方向均可采用。罩类均为双面透雕装饰；题材主要是花草，并由此组成的富于文化蕴涵的内容，如：岁寒三友，以松竹梅比喻为人处事正直、高洁；富贵满堂，以牡丹花、海棠花构图借喻高贵富庶；松鹤延年，以松枝仙鹤隐喻延年益寿；富寿绵长，以蝙蝠、寿桃及缠绕枝蔓的图案会意福寿久长，等等。在这种大面积的透雕中，时或加进贝螺嵌雕等工艺，使画面更加多彩俏丽。

⑥倒挂楣子与栏杆：在北京四合院住宅和宅园中使用栏杆的部位不多，仅是在廊子中用，在游廊的柱间上端设倒挂楣子，下端设坐凳栏杆。倒挂楣子由边框棂条及花牙子雀替组成。棂条有步步锦等式样。花牙子雀替是安装于楣子的立边与横边交角处的构件，通常为透雕装饰，略有加固作用。花牙子的纹饰常见有草龙、夔龙、夔凤、回纹等各式花卉。

⑦挂檐板：即封檐板，也称花板或檐下花板，保护檩条端部免受日晒雨淋。其题材常用花卉飞鸟、动物图案等纹饰。工艺多采用隐雕，也有用浅浮雕的。

⑧栏杆：北京四合院中的栏杆采用寻杖栏杆形形式居多，其上的雕饰物件主要有镶在下枋和腰枋间的花板，绦环板以及位于腰枋和寻杖扶手间的净瓶。用于室外的以透雕为主；室内则以浮雕为主，净瓶雕饰图案应与栏杆罩的主题一致。

⑨报柱与匾额：装点屋壁殿柱的楹联称报柱，多为书法家手笔镌刻木板上的阴刻。是中国传统文化楹联与书法艺术之合并形式，也是主人文化品位的体现。门楣上方嵌挂匾额，往往为堂号、室名、姓氏、祖风、成语、典故镌刻在匾上；匾额的形状，有状如书卷者叫手卷额，形似册页者叫册页额。园林匾额为避免呆板还用秋叶匾。匾额的字体有真、草、隶、篆。

（2）木雕装饰的图案类型

北京四合院的木雕装饰图案多以象形、会意、谐音、几何图案等手法构成艺术语言，来托物寄情。我们的先祖崇拜天地，并以圆喻天，以方喻地，因此木雕装饰中所采用的图案多以方圆为主，概括为如下诸类：

①三角形：正三角、套三角、冰裂纹、直线波纹、菱形等。

②方形：四方（方格、斜方格、豆腐块），方胜、盘长、步步锦、席纹、灯笼锦、风车纹、拐子锦、套方锦、马三箭、三炷香、玻璃屉等。

③多边形：五方（五角）、冰裂、六方（六角）、八方、（八角）等。

④圆形：圆光（月亮圆）、月牙、半圆、扇面、椭圆、球纹、鳞纹、绳纹、古钱、轱辘钱、如意纹、云纹、汉瓦、曲线波纹等。

⑤字形：十字、人字、万字、斜万、万不断、富字、寿字、喜字等。

⑥花草形：海棠花、栀花、梅花、葵花、水仙花、牡丹花、石榴花、莲花、桃花、蕃草、吉祥草、万年青、松竹等。

⑦动物形：龙、凤、夔龙、夔凤、象、蝙蝠、鱼、蝶、龟背锦等。

⑧器物形：花瓶、花篮、如意、古玩、博古、书案等。

⑨组合形：十字海棠、十字如意、八方交四方、四方间十字、盘长如意、如意灯笼饰等。

⑩图腾形：万事如意（万字、柿子、如意）、四季平安（花瓶上插月季）、连年有鱼（莲花、鲶鱼）、喜上眉梢（喜鹊、梅花）、夫妻同心（同心结）、君子之交（兰花、灵芝）、八仙（明、暗八仙）、八宝（佛珠、方胜、磬、犀角、金钱、菱镜、书、艾叶）、八祥（法轮、法螺、雨伞、白盖、莲花、宝瓶、金鱼、盘长），等等。

这些图案反映了北京地区的民俗、民风和艺术风格，是京味文化的重要组成部分，是我国文化艺术宝库中宝贵的精神财富。

（3）北京四合院木雕装饰艺术的装修特点归纳如下：

①在四合院居住建筑中应用广泛，从室内到室外，从外檐到内檐的木构件上雕饰艺术运用颇广。

②木雕装饰的题材与内容丰富，也颇为大众化，均为人们熟悉的传说、故事等，都与社会伦理道德、行为规范、人们的信仰追求、文化修养有直接的关联。

③木雕装饰的花纹图案趋于自然，古朴洒脱，具有浓郁的生活情趣与意味。

④木雕装饰的雕饰技法逐渐趋于立体化，从而在透雕、镂雕、玲

珑等多层次的雕饰技法方面取得了长足的发展。且雕饰纹样的处理粗细适当，穿插精巧，充分考虑到人们的欣赏习惯。

⑤木雕装饰的雕饰既不伤其结构整体，还能增强其结构的牢固性能。

⑥木雕装饰的构图得当，图案完整；

⑦色泽古朴典雅衬托雕刻的精美细腻。

（4）木雕装饰的工艺技术

①平雕：平雕是在平面上通过线刻或阴刻的方法表现图案实体的雕刻手法。常见有三种：一种是线雕，这是用刻刀直接将图案刻在木构件表面的雕法，工艺类似刻印章中的阴文刻法，其效果有如国画中的工笔画，比较平滑细腻。一种是锓阴刻，这是一种将图案外轮廓、形状阴刻下去，而反衬出图形本身的雕法，一般多用来雕刻门联、楹联、诗词等书法作品。一种是阴刻，是将图案以外的地子全部平刻下去，一烘托出图案本身，这种刻法多用于回纹、万字、丁字锦、扯不断等装饰图案。

②落地雕：落地雕在宋代称作剔地起突雕法，是将图案以外的空余部分（地子）剔凿下去，从而反衬出图案实体的雕刻方法。落地雕不同于平雕，它有高低迭落，层次分明。

③透雕：这种雕法有玲珑剔透之感，易于表现雕饰物件两面的整体形象，因此常用于分隔空间，两面观看的花罩、牙子、团花、卡字花等物件的雕饰。

④贴雕：贴雕是落地雕的改革雕法，兴于清代晚期，常见于裙板、绦环板的雕刻。方法使用薄板镂出花纹并进行单面雕刻之后，贴于裙板或绦环板上。其完全具备落地雕之效果，但在工料方面则节省很多，效果也更佳，尤其是地子平整无刀痕刃迹方面非落地雕所能及。另外也可通过使用不同质地和颜色的木料做地子及花纹，以达到特殊效果。

⑤嵌雕：嵌雕是为了解决落地雕中个别高起部分而采用的技术手段，如龙凤板中高起的龙头、凤头，可在雕刻大面积花活时预留出龙头、凤头的安装位置，另外用材雕出并嵌装在花板上，从而得到等厚

板浮雕效果不同之传神感。

⑥圆雕：圆雕亦称混雕，是立体雕刻的手法，首先要画样，并根据图样尺寸备料、落荒（做出大体形态），再将落荒形修正至近似造型所需形状，然后在表面摊样（画样子），再按样子进行精刻、细刻，最后铲剔细部文饰。北京四合院的木雕刻有大木雕刻（大木作）和小木雕刻（小木作）之分。大木雕刻指大木构件梁枋上装饰物件的雕刻，如麻叶梁头、雀替、花板、云墩等；小木雕刻则指内外檐的装饰装修之花饰雕刻；大者粗犷，小者细腻。

木雕装饰在北京四合院民居中应用广泛，艺术价值也很高，但由于木材易损，加之保护不力，当前的实物存留已很少。

作为中国传统建筑重要组成部分的北京四合院，近年来处境十分危急；大多数四合院成为大杂院，破败不堪，同时面临旧城改造大量被拆除的局面。即使被划入文物保护之列的四合院，也难以保持原有的面貌。作为一名北京的文物保护工作者，把它们记录下来（照片、绘图、文字）并加以研究，不论对当前和以后都是一件紧迫而很有意义的事情。

第三章　文化篇

一、人文意识

人文意识是指人文科学研究人类的信仰、情感、道德和美感等各门科学的总称。包括语言学、文学、哲学、考古学、艺术学以及具有人文主义内容和运用人文主义方法的其他社会科学等。在中文意译时，有人性、人道、人文、人本等不同的名称，以人文主义一词，用得最为普通。"人文"一词，在我国首见于《易·贲》："文明以止，人文也。观乎天文，以察时变；观乎人文，以化成天下。"《后汉书·公孙瓒传论》："舍诸天运，征乎人文。"人文是指人类社会的各种文化现象。

一位哲人说："人诗意地栖居在大地上。人之具有诗性，是人获得了赖以区别于动物、离开动物世界的文化灵性。人是文化的创造者，又是文化的囚徒。人创造文化，使文化现象本身成为一种人化事物。这是人的历史主动性，它使人化与文化成为一种相随发展的过程。人作为文化的囚徒，体现了人在既定环境与既有文化之中的受动性，主要地展示了文化对人的规定，历史对现实的制约。文化作为人生和人性的规定者，同时体现在人对文化的主动与受动之双重关系中。环境在向人生成时也使人属于他的环境。人按照文化创造着属于他们的环境，环境通过文化创造着属于它们的人。文化永远是人的定在。"文化之所以成为人的定在，就是因为文化使人成为有具体人格的人，文化具有与人类一样长久的历史。

　　人类的生成史，是一部由生物进化逐渐让位于文化生成、文化进化的历史；而人类的发展史，则多方面地体现为一部文化的发展史。人之所以成为人，就是因为它创造了文化，同时又被文化所创造；也就是因为它在这样一种双向的过程中历史地、具体地获得了文化的规定性，并具备了文化的能动性。人之根本地区别于动物，最终在于人在自身的发展中、实践中造就了自己的意识和文化。人的意识和文化，是使人从大自然的束缚下解放出来，自觉地改造、利用自然，创造人类历史的两大基本要素。它们在人的形成和发展中，是互为因果、互为条件、互为表里的。总之，文化的实质含义是"人化"或"人类化"，有了人，就开始有了历史，自然也就有了"文化"。

　　所以，人是文化发展的相对永恒的动力，也是文化发展的服务对象。文化发展始发于人类，也归结于人类，自始至终维系于人类，也使人类有了严格意义的内涵，形成了人类行为活动全部内容的生存空间，这就是人们所认识的文化本质。文化本质的被认识，也让人类更了解人类自己和人类生存的空间，包括人类生存空间的文化，人类所认识的文化便与人类同步发展，进入一个个不同的人类发展阶段。这也说明了"人类"的文化本质认识的重要性。

　　更进一步来谈，在社会文化中，以各种形式向社会成员规范了行为和价值标准，不同社会文化背景下的人们，在生活标准、兴趣爱好、风俗习惯、行为模式等方面，显示出各种差异，都表现在人的行为上。任何设计行为所依据的思想都来源于人类需要。而人与人之间的交往，须有一定的时空条件，它的时空条件主要是建筑环境，一定的社会历史（时代）则是时间条件，即这一时期的物质存在和意识形态特征。

　　中国传统建筑环境体现出独特的文化意蕴。

1. 以人为本的儒家礼制

　　中国文化史上，在战国以前，诸子百家争鸣，并没有统一的政治哲学思想。自从汉武帝"罢黜百家，独尊儒术"提出以后，儒家思想就成为当时封建统治的理论准则。儒家文化观重人际伦理规范的主要特色，在中国建筑文化中表现得非常鲜明。儒家是先秦"百家"之首，以孔子为代表。

古今以来中国的儒家礼制观念，渗透在生活的各个方面。战国末期的荀子认为："人无礼则不生，事无礼则不成，国家无礼则不宁。"《论语》尤其强调"礼"，称为"非礼勿视、非礼勿言、非礼勿听、非礼勿动"。礼作为人之生活、行为的规范，被看作神圣而不能僭越的。而从中国传统建筑环境的角度，更能折射出这种观念的存在。《礼记·坊记》说："失礼者，所以章颖别微以为民仿者也。故贵贱有等，衣服有别，朝廷有位，则民有所让。"《左传·昭公二十六年》说："礼之可以为国也久矣，与天地并。君令臣共，父慈子孝，兄爱弟敬，夫和妻柔，姑慈妇听，礼也。"《礼记·经解》说："礼之于正国也，犹衡之于轻重也，绳墨之于曲直也，规矩之于方圆也。""礼"是首先表示神与人之际的一种不平等的思想与规范。人献祭于神，是"礼"的本义。后来被发展为一种政治伦理观念及其制度，以处理人际关系。孔子生于"礼崩乐坏"的春秋末年，对当时古礼的被毁弃破坏痛心疾首，故以复礼为己任。孔子以仁释礼，改制了礼，发展了礼，一定程度上略去了古礼祀神的崇拜意义，使对神的礼变为对人的礼，将礼的强制与当时意义上的中庸、博爱、人道相结合，认为人与人之间严格的等级秩序与博爱是人伦的两个侧面，前者为礼，后者为仁，两者的结合，就是孔子仁学的理想模式。

可见，在儒家正统思想看来，礼既是规定天人关系、人伦关系、统治秩序的法规，也是制约生活方式、伦理道德、生活行为、思想情操的规范。它具有强制化、普遍化、世俗化的特点，渗透到中国古代社会生活的各个领域，当然也不可避免地制约着中国古代建筑活动的各个方面。例如：祖庙之一，被历代尊为人文之代表的孔庙，也称文庙，过去全国各地多有建造，它实际是分布最广，规模与形制多样的宗庙。又与一般的宗庙有所不同，它既有儒家所推崇的一般崇祖的意义，又富于"尊孔"的别样的人文精神。在孔庙中，山东曲阜孔庙，堪称中国古典庙堂建筑的杰出代表，它既是崇祖的、尊孔的，又是浸透了儒学精神的。孔庙是一座十分宏伟而且平面布局规整的古建筑群。具有强烈的中轴对称的特点，其主要建筑排列在中轴线上，形成递进的进深与重重院落。中轴两侧，是左右对称的副题建筑，象征伦理的秩序，在审美上，也具有对称之美。对称之美也是中国式的以礼为基调的礼乐和谐之审美，强调"尊者居中"、等级严格的儒家之"礼"，显得平稳、冷静、自持、静穆、壮阔甚至伟大。

古代基于"礼"而出现的建筑有两种类型：一是把整个建筑形制本身看作是"礼制"的内容或化身；二是为了礼的要求，如祭祀、纪念、教化等而建置的建筑物或附属设施。前者的主要代表作品是住宅；后者统称为"礼制建筑"，像宗庙、祠堂、社稷以及供教化用的明堂、辟雍、孔庙等都属于此类。另外，在城市布局上因"礼"而产生的建筑元素，如阙、钟楼、鼓楼、华表等，实际上也是一种"礼器"。礼制之"礼"是儒家建房的中心思想。礼对建筑的制约，不仅表现在建筑类型上，如宗庙建筑摆到建筑活动的首位，而且在城制等级，建筑组群，甚至建筑的装修上，都含有等级的含义。中国古典建筑群体中的单体建筑之间的相互关系，不仅是由于视觉要求决定的，并且是由父父子子、君君臣臣的社会现实关系决定的。在一个家庭里，以家长为核心与其他人等按照亲属关系构成了一个平面展开的人际关系网络，在一个建筑群内部，建筑也因其服务对象不同，按照这个人际关系网络展开，相应建筑的大小、方位和装饰也不相同，使建筑群体成为理想的政治秩序和伦理规范的具体表现。在这样一个系统中，不可避免地使得单一方向的秩序会得到特别的强调，在整个组合中，主从区别特别明确，个别建筑只有在和主体建筑的参照中才会明白它的地位和价值，这些特点的形成，当然与建筑等级制度的存在有关。从北京故宫主轴线的空间序列所渗透出的浓厚的伦理性，可以看出这条纵深轴线长约三公里，中国古代匠师在这个世界建筑史上罕见的超长型空间组合中，按照礼的要求，择中立宫，来表现帝王至尊。部署了严谨、庄重、脉络清晰、主从分明、威严神圣的空间序列。北京皇城的中轴、对称、中心点，你无论到哪儿都会感觉到它的存在。它起着汇聚、集中焦点的作用。其实这些手段，无不为了烘托皇权的威严，渲染皇帝这个人无比重要。而等级制对于建筑装修也有严格的规定。《明史》说："庶民庐舍，洪武二十六年定制，不过三间五架，不许用斗拱，饰彩色。"中国历代对装修、装饰等细部的限定都有繁缛的规则。

在单体建筑的空间形态上，等级制突出地表现在间架做法上。唐代《营缮令》中关于屋舍营造的规定如下："三品以上堂舍不得过五间九架，厅厦两头，门屋不得过三间五架；四、五品堂舍不得过五间七架，门屋不得过三间两架；六、七品以下堂舍不得过三间五架，门屋不得过一间两架。"可以看出，等级制对厅堂和门屋的间架控制很严。间的多少制约着建筑的"通面阔"，架的多少制约着建筑的"通进深"，这是对于单体建筑平面和体量的限定。历代规定不尽相同，但大体上的规定是：九间殿堂为帝王所专有，公侯一级的厅堂只能用到七间，一、二品官员只能用到五间，六品以下只能用到三间。这个限定在北京四合院住宅中反映得很鲜明。绝大多数四合院的正房都是有三开间就是这个缘故。

建筑具有突出的空间性，这就使得建筑对于位置的限定成为可能。位置的限定包含着强烈的等级含义，它涉及建筑组群在城市中的规划位置，建筑庭院在组群中的布局位置，建筑单体在庭院中的座落位置。如住宅建筑中的北京四合院，整座住宅一般分为前、后院两部分，按南北轴线布置。在院落布置上，体现出封建、宗法制度的主仆关系和辈分关系。前院较小，作为男仆住处及杂用房等。而较大的后院（内院），为主人家及女仆住处，形成空间的划分及主次对比。内院正中朝南的正房是长辈住处，两侧厢房是晚辈住处。

中国伦理的家庭制度，形成了家庭内部严格的尊卑、主从、嫡庶、长幼等关系，强调"尊卑有序""男女有别"，这些都从空间形态上强化了中国传统建筑居住空间等级秩序和内外界域，也决定了室内空间中的家具，无论是其装饰，还是位置的限定都受到礼的制约，包含着等级的含义。早在等级森严的商周时代，不仅家具的形制、使用要按照严格的等级与名份行事，就是家具的材质、色彩、纹饰等也有不可僭越的严格规定。如：几的使用，天子是用玉几，以下的诸侯、卿大夫等，要根据级别和场合的不同，使用雕几、彤几、漆几等，绝不可有违。又如席的使用，其材质、花纹、边饰等，都有严格规定。而家具在室内空间中位置的确定，则有朝向上的尊与卑，座落上的正与偏、左与右，位序上的前与后，层次上的内与外等一系列的差别，这些差别也都被赋予了等级的语义。《礼记·仲尼燕居》曰："室而无奥阼，则乱于堂室也。席而无上下，则乱于席上也。"而《史记·项羽本纪》记述的鸿门宴座次："项王、项伯东向坐，亚父南向坐，沛公北向坐，张良西向侍。"则表明室中以东向为尊的位列。可以看出，古人对家具的位置在室内空间中的限定也是颇为重视的。

另外，古代礼制时期，住宅建筑十分注意阴阳观。关于阴阳学说，在儒家《易传》上面有多处谈到。其中涉及建筑方面和人体之间相互对应关系的有《泰卦·彖辞》："内阳而外阴，内健而外顺。"这是表明天地阴阳交合、万物生养之道畅通，此时阳者居内，阴者居外，刚健者居内、柔弱者居外。以人体而言，最外面的是皮肤，故皮肤为阴；最里面的有血液，故血液为阳。以城市而言，最外面的是城墙，故城墙为阴；最里面的有道路，故道路为阳。若把这种关系用于住宅，则以门房、寝室、过道等表示阴，而起居室、堂屋、客厅等表示阳。

2. 道家"天人合一"的学术思想

儒家和道家，附带其他诸家和外来的佛教相辅相成，成为中国古代的文化思想，渗透和凝聚在中国文化的各个方面。儒家思想比较重现实，它不仅为历代统治阶级所看重并借以安邦治国平天下，而且也为一般庶民奉为伦理道德的准则和规范。其学说及思想对中国古代建筑的对称布局以及城市规划有较大的影响。而道家学说对中国文化的影响仅次于孔孟之道。然而，对中国建筑的影响，老庄哲学恐怕就要胜于孔孟了。在道家"天人合一"的思想支配下，建筑成为自然界的一部分，而且有无限的特质和意义。自然也被视为可循入的环境，而建筑和自然适当地融合，结合为一体便具有极大的表现力和生命力，从而造就了与西方建筑迥异的风格造型。儒家强调只有规矩才能成方圆，严谨、浑厚而又有秩序；道家则主张重返自然才能得天真，空灵、生动而又无拘无束。前者强调的是建筑艺术的人工制作和外在功利；后者则象征山林、烟雨，空濛而去留无迹，强调的是自然的美好和内在功利，因而表现在建筑形式上，必然是曲折多变、自由活泼。

"天人合一"可以概括为三点：

第一，天人皆物。天与人都是物，形态相殊，本质则一，"物物皆太极"。

第二，人效法天。《周易·大传》曰："夫大人者，与天地合其德。"天变，人亦效法天而变，以顺应自然，并通过模拟自然来改造自然。

第三，天人调谐。要求在采取"财成天地之道""辅相天地之宜""范围天地之化"等手段时，不要破坏自然，而要尽量求得人与自然的和谐统一，用现代的话来说就是求得"生态平衡"。

"天人合一"是中国自然哲学最突出的特点，这里"天"是无所不包的自然，是客体；"人"是与天地参的人，是主体。天人合一就是主体融入客体，坚持两者的根本统一，泯除一切显著差别，从而达到个人与宇宙不二的状态。它所追求的最高目标是认识到事物相互联系的统一，使自己与终极的实在归于统一。《老子》说："人法地，地法天，天法道，道法自然。"这里所讲的"自然"就是自然无为之义，就是对宇宙本体存在状态的一种说明。"无为"思想是老子哲学的基本精神，也就是任其自然之意。正是："道常无为而无不为。"在对待自然的问题上，中国人十分推崇老子"无为"的柔和思想，"无为"并不是什么事也不做而保持沉静，而是让每一样事物都按其本性去做，顺应自然规律，利用自然规律，从而借助自然之力，"制天命而用之"，最终达到"无为无不为"的人类自由的目的。这便是我们中国古代人对于自然的特殊态度。中国古代自然哲学注意研究的就是整体的协调和协作，强调人与自然的关系，人与自然的不可分，"人不能离开自然"这是我国古代人民所尊崇的根本原则之一，行为做事都尽力遵守自然的法则或规律，认为当人类遵守自然法则时，社会得享和平与安宁，而当人类违背自然法则时，就会遭到自然的报应，天灾人祸接踵而来。正如《老子》所说："天地不仁，以万物为刍狗。"天地万物的存在并不是以人的意志和情感为转移，并没显现出丝毫人为的迹象，这才是天地万物最真实的状态。

道家"无为"哲学的这一丰富、深邃思想，构成了中国园林文化即广义之建筑文化的一种深刻的文化之魂。中国园林文化"虽由人作，宛自天开"，而其文化哲学底蕴却在于道家的"无为"。在这种思想支配下，古人对于家居的布局，多在"融入自然"和"自然融入"两个方面大做文章。当具备山林胜地的条件时，极力地使建筑融入自然环境。而当处于市井，则以"一卷代山，一勺代水"，把自然融入建筑环境之中。我国古代的园林建筑，可谓是建筑空间与自然环境有机和谐的集中体现。中国传统园林的主旨是表现自然美，它是人工创造的主要满足人们精神生活享受的一种物质环境。它以不规则，起伏的线条和形式来表达人们对自然的一种神秘的、深远的感受。规模大的，如皇家园林，可以表现壮阔的自然山水，人可以登山、泛舟、往来于林间花际；规模小的，也许只有一泓池水，数块峰石，几竿修竹，同样可以从清澈的池水，长着青苔的岩石和苍翠的竹叶中，感受到自然的清新气息，引起联翩的浮想，寄托个人的情感和对理想境界的憧憬。

例如：被誉为"万园之园"的圆明园"夏宫"为皇家宫苑，叠石理水，匠心独运，养花植草，惨淡经营。依势排列，巧于因借。它湖面辽阔，或宁静或激荡；溪流淙淙，或低吟或欢歌；山陂得宜，或凸现或避让；建筑连属徘徊，或恢宏或俊逸；花树嫣红姹紫，晨启露蕊，昏溢幽香。集隋唐以降北方宫苑与南地自然山水式园林文化之精英荟萃，通过对景、引景、借景及显隐、主从、避让、虚实、连续或隔断等造园手法，将"北雄南秀"的不同地域的园林文化熔于一炉，在其西洋楼区，又使异国情调与华夏意气交融汇合。它既是皇家居住休憩理政之地，又是图书馆与博物馆，园中书画珍玩收藏之富，令人叹绝。据《圆明园后记》，它是"东方的凡尔赛宫"，"其规模之宏敞，丘壑之幽深，风土草木之清丽，高楼邃室之具备，亦可称观止。实天宝地灵之区，帝王豫游之地，无以逾此"。这种园林文化的美学意蕴，主要在于显示帝王权威、气派与极度富有，其审美机制在"天人合一"。帝王者，天之骄子，他是代表天的，"天人""合"于帝王一身，故一切颂帝，崇尚王权的园林文化意义，自然也就被看成是符合天意的。同时，它也显示了帝王对于自然美的欣赏与钟爱之情。帝王之心灵深处，同样具有要求回归于自然，拥入自然使身心大悦的生理心理因子，因此，虽然这类园林文化的王权意识烙印尤深，却与崇尚自然的"道"具有必然的历史联系。

中国古典园林中的江南私家园林，是中国历史上独特的一种居室文化现象，它是当时文人直接或间接参与设计和建造的一种生活环境，其追求的是"天然""疏朗""简远""雅致"的审美情趣。如苏州文人园是以人文景观胜，而不是以自然景观胜。人文景观，以建筑物、山水、草林与路径等要素构成，讲究叠山理水，植树种花，建房造屋以"自然"为上，不露人工之拙。陈从周《园林谈丛》说："对于山水、亭台、万堂、楼阁、曲池、方沼、花墙、游廊等之安排划分，必使风花雪月，光景常新，不落窠臼，始为上品。"总之，苏州文人园的审美总原则，是明造园大家计成《园冶》一书所提出"虽由人作，宛自天开"。苏州文人园各种景观，都是平和、悦目而宜人，没有突兀与惊奇感，文人参与，用人工构成诗情画意，将平时所见真山水，古人名迹，诗文歌词所表达的美妙意境，撷其精华而总合之，加以突出，因此山林岩壑，一亭一榭，莫不用文学上极典雅美丽而适当的辞句来形容它，使游者入其地，览景而生情文，这些文字亦就是这个环境中最恰当的文字代表。例如拙政园的听雨轩与荷风四面图，同样是一个赏荷花的地方，前者出"香远益情"句，后者出"留得残荷听雨声"句。（如图3-1，3-2）

我们认为人类生存离不开自然的环境，自然的法则从来没有为了人的利益而失效或暂停，它是不依人的意志为转移的。人不仅是生物的人，而且还是文化的人，他并不像微生物、植物和一般动物那样仅靠改变自己的生理性状消极地适应环境，还主要靠改善体外生态环境以保其生存，促其发展。问题是在于人类改善环境的活动中是否适度，正确的观点是既不能抛弃自然，又不能屈服于自然，在人与自然

图 3-1　拙政园听雨轩　　　　　　　图 3-2　荷风四面图

这个复杂的矛盾中，去把握一种动态的平衡，不去把世界分为人和自然两个部分，而是融为一体，尽可能地利用自然规律和现象，使人类的生理和心理，使人类社会得以正常的发展。这样，我们就会找出并开拓一条与自然庞大而错综的秩序体系相一致的一种秩序。那么，我们的生活可能开启这伟大的自然力，我们的文化才可能具有方向，我们的形式建筑，形式组织与形式次序才可能具有意义。我们才会再度明白这与自然道路协调的生命的丰富与和谐。

3."征服自然"与"天人和谐"

建筑首先源于人的自然性，抗御雨雪猛兽，人必须存在于自然中，建筑的防御性是人存在的根本。

中国哲学传统主流是人与自然和谐相处。《易传》提出天人协调，其《象传》谓："裁成天地之道，辅相天地之宜"，又《系辞上》曰："范围天地之化而不过，曲成万物而不遗。"要节制自然须合它自己的法则，辅助自然应适度，效法自然的造化功能而不能过分，并用以成就万物而无欠缺，都是人对自然既进取又维护，适度而和谐。《老子》说："人法地，地法天，天法道，道发自然。"这是自然为自然而然，天道无为之意。庄周更认为"天地与我并生，万物与我为一"。这齐物论并非不分物我，他同时提出的宇宙时空概念，即物的总体存在方式，在我之外。但他进而要求不毁万物，完全回归自然。其"道法自然"普通见于各类建筑与城市。道法自然极变化之能事，是古民居的特征。因气候、地形、材料、生态等的不同，而建筑迥异。乡镇民居多于城市住宅，其平面多一字、曲尺、三合院、圆及环、自由式等，总以自然因素为主。即使四合院，也主要是日照、通风、绿化、交往与共享之功能，极尽表达与大自然、与人的"和谐"。

中国建筑的和谐美，还体现在个体、群体与环境之间的文脉关系。这种环境指自然环境与人文环境。在中国人的建筑文化意识里，出于"天人合一"哲学意识的熏陶，是一向把建筑看作自然环境系统的有机构成，也追求建筑与有关人文环境的和谐统一。就建筑与自然环境来说，这是一个"天人合一"的关系，表现出人通过营造方式所能达到，或可望达到的人与自然的亲和关系。这就等于说，中国建筑不仅在人文系统中具有内在的血缘，以及建立在血缘关系基础上的人文结构，而且当建筑必须面对自然的时候，它并不是像西方把建筑自己看作向自然进击，从而征服自然的一种手段与方式，而是努力融渗在自然之中，安静地、亲和地与自然"对话"，拥入自然的怀抱。

西方的哲学思想主张征服自然，相反于天人和谐，其教堂、宫室、竞技场、歌剧院等建筑难见与自然的和谐。它们共同的特点是大体形、大进深、大层高、大阔面，与自然接触的面外墙与窗面积较小。尤其是西方建筑连有限的花园也要征服自然，从总体布局到水池、花草、雕塑、花盆以及小品建筑，都对称严谨，连树木也将修剪成立体几何形或其他体形，把花卉和灌木修剪成地毯纹理状的花坛，如凡尔赛宫中的花园。这同中国古典园林截然相反，中国古典园林的"虽由人作，宛自天开"，崇尚自然是竭尽所能。

为了表示出永恒的意念和与自然相抗衡的力度，西方古典建筑每每非常强调建筑的个性，每座建筑物都是一个独立、封闭的个体，常常有着巨大的体量与超然的尺度，它已远远超出了人们在内举行各种活动的需要，而纯粹是为了表现一种理念。那些坐落于郊野或海边的建筑，往往形成一种以自然为背景的、孑然孤立的空间氛围。山水自然环绕着高耸壁立的而又傲然独有的建筑，两者似乎是隔离和对立的。

在我国传统的建筑文化之中，从未有过如西方的视房屋为永恒、不朽之纪念物的思想，与自然相抗衡的观念比较薄弱。在先人眼中，建筑也如其他日用之物一般，需要不断更新，进行新陈代谢，要与自然保持和谐与协调。诚如梁思成《中国建筑史》所说，我国建筑思想与西方迥然不同者，第一便是"不求原物长存之观念"，中国建筑不欲以人工来与自然竞久存，它与自然要保持协调和谐的关系。这一观念同样也影响了建筑的布局和形象特征。与西方古典建筑强调个性，强调实体，多以凸曲线向上扩张截然不同，中国传统建筑以群体取胜，注重虚实结合，以内收的凹曲线与依附大地、横向铺开的形象特征表达出与自然相适应、相协调的艺术观念。

我国古代建筑单体的规模和尺度均较小，就是封建社会级别最高金銮殿的太和殿，也只不过十一开间三十来米宽，但是它能将许许多多的单体通过一个个庭院围廊，组成庞大的建筑群体。这建筑和庭院一实一虚的巧妙组合，既体现了虚实相济的古典美学思想，也表达了建筑和自然相融的设计意念。按传统习惯，建筑庭院中每每要点缀些山石，栽种些树木花草。因此，不管是北方的四合院，还是南方厅堂间的天井和楼后的小花园，都在不同程度上焕发出自然的生气，在古人看来，这种生气，是人工所为的建筑所不可少的补充。

房屋的设计也尽量体现与自然相通的思想。由于木结构框架系统的优点，使墙不承受任何上部结构传来的压力，就可以任意地开窗，特别在南方，通向庭院的一边，常常开满着一排落地长窗，一打开，室内室外的空间便完全流通在一起。还必须提及廊的作用。在传统庭院中，主要建筑多用廊相绕，廊一边靠着建筑（或者本身就是建筑的一部分），一边开敞向着庭院，它实际上是室内建筑空间和室外自然空间之间的一个过渡，是中国建筑与自然保持和谐的一种中介和桥梁。

与此相反，西方古建筑的室内空间与外界自然是完全隔开的，似乎表现出一种意念上的对抗。古希腊、罗马神庙的墙上，只开有透气用的小洞。当时的住宅也一样，有的留有窄缝，有的干脆封闭。例如意大利庞贝城留存有很完整的古罗马时期的街道和住宅，据介绍：庞贝的住宅中常常有鲜艳的壁画，因为房间没有窗，所以壁画有时被用来造成宽阔的空间感觉，例如在墙上画有极深远的透视建筑物，有时甚至画非常辽阔明亮的自然或城市景色，等等。所有这些构图，都是想用幻觉来突破封闭沉闷的室内空间。

总而言之，中国建筑是通过"崇尚自然""师法自然"，在美学、科学、伦理学、精神学和哲学上追求达到"天人合一"的最高境界。中国古建筑与城市是崇高自然的大系统。而西方传统建筑要求征服自然，但能不重视自然吗？建筑正是为人防御与适应自然而有的。

二、审美体验

当我们身处某种环境时，往往会产生各种各样的感受和联想，以致影响我们的情绪、心境乃至志趣。譬如，进入气氛庄重而肃穆的烈士陵园时，整洁的林荫道，苍翠挺拔的松柏、洁白高耸的墓碑，会令人油然生起敬仰之情，进而寓思神游，头脑中会演出一幕幕壮烈情景。又如身处某个江南园林，立峰假山闲倚于曲桥清池之侧，亭台楼阁掩映于柳林桐荫之中，一派静谧而雅致的景观，令人心情畅快之至，种种人生烦恼琐事，都会被这样的环境融化。不同的建筑环境对人的心理会产生迥异的影响，这便是所谓的"情随景迁"。

人对建筑的最基本的需求是为了满足生理和心理要求。所谓建筑的生理需求，不外有这几方面：有足够大的空间体量，满足人的基本活动（如坐、卧、行走及其他活动）；有合适的温度和湿度，满足人的温觉要求；有一定的光线，满足人的视觉要求；还有听觉及其他感官的要求。另外，因为人的感官所接受的信息都通过思维处理，所以人对建筑有心理需求。心理需求可以分为基础的和高级的两类。所谓基础的心理活动，则是由感觉到知觉，以及记忆、表象、认知、判断和注意等一系列心理活动。所谓高级的心理活动，则是深一层的心理活动，诸如心境、情绪、意志和审美等活动。对实体和空间形象的感知，即属人的心理活动内容了，心理学中称为形觉，属知觉。人对视觉形象的识别，并不像动物那样仅凭借遗传本能。将某种视觉形象符号化，人凭自己的后天经验识别、理解和判断，都属基础性的心理活动。这种活动对建筑环境的需求，就是人对建筑的基础性心理活动的需求。人的高级心理活动，是人的社会化的产物，研究建筑环境如何满足这些心理活动的需求，必须把个人的高级心理活动与社会心理结合起来。

1. 人对建筑空间的心理感受

建筑环境服务的对象是人，人是不能脱离社会和环境而存在的，人的行为可以认为是由环境和人的相互关系所决定的。因此，人的心理现象及行为特点是建筑环境设计理论的发展和社会生活实践所必须研究的。

当代环境设计一直重视"人与建筑环境"课题的探讨，力求使建筑环境与人的心理、生理以及文化传统达到和谐统一。环境中有众多的因素，而且从不同的角度与侧面去理解与认识，也会使环境问题有着不同的内容分类及名称，如"自然环境""人工环境""物质环境""精神环境""生态环境""社会及文化环境"，等等。总的来说，环境概念中包含了几大因素，即人们常说的自然因素、人工因素、社会文化因素等几个方面。围绕着环境问题派生出许多边缘学科，如"环境社会学""环境心理学""社会生态学"等。每一学科都侧重于探讨环境问题与本学科相关的部分与内容，而建筑环境心理学是研究人与其周围物质的、精神的环境之间关系的科学，是研究人在客观环境的物理要素刺激作用下，以及对精神要素的影响所产生的心理反应的科学。通过相同的或不同的人对同一环境或不同环境心理反应的研究来找出规律性，以便在建筑环境设计时与其他因素综合平衡，筛选出最佳方案，达到预期的效果。对建筑环境心理探索是从心理学研究中发展出来的，主张利用科学手段，探讨解决存在于物质与精神之间问题的方法，在复杂的环境系统中，以不同的水准，不同的方向与方法，向更广阔的范围冲击，从而形成跨学科的领域，并以建筑学、环境学、心理学、生态学和其他许多相关学科为研究基础，在继承和吸收历史上合理的环境设计经验的基础上更进一步，将人们的心理需求体现在建筑环境之中。

研究人对环境的心理感受，需通过对环境的认知分析，寻求最佳刺激，再根据心理需求去调整改善周围的环境。而如何认知环境？是因社会发展，人的成长发展阶段的不同或者环境创造方法的不同而迥异。所以，人的感觉属性是不可忽视的因素，也主要是以人的认知图形为前提，并加以各种心理因素的影响而形成的。其次是环境的空间属性，空间的利用与使用者的文化有关，同时还受着信息交流和感觉的影响，因此必须研究建筑环境中存在着什么样的空间环境问题，以及在这些空间环境中人们的心理态势。再次，是如何感觉环境及对环境作出审美评价的问题。

人对建筑环境的感受是很复杂的，还涉及许多社会方面的因素（包括：地方性、民族性等），文化的因素，环境因素，以及个人因素（包括：人的性格、气质、爱好、习惯等）。因此，设计师要考虑众多因素，所创造的环境尽可能满足不同的人。

人对建筑环境的需求是广泛、具体而细致的，而且因人、因地、因时、因目的要求而异。建筑环境在人的交往中起到了场所、背景及媒介作用。日本建筑师丹下健三曾说过："在现代文明社会，所谓空间，就是人们交往的场所。因此，随着交往的发展，空间也在不断向更高级的有机化发展。"建筑环境心理的"场所"观强调人在场所中的感知，情绪和行为。以人的自身为中心，其行为和情绪事件所规定的位置就是场所。环境场所具有物质基础，也含有精神因素。

建筑环境有科学技术的一面，也有文化艺术的一面，说到底是一种社会文化，在本质上更接近人文科学。所以，研究建筑，无论其目的、作用以和心理需求，以及人的集合——社会需求。研究个人的心理活动及需求，对建筑当然有着重要的意义，目前，这方面的研究已比较深入而具体。从社会心理层次研究建筑，对建筑提出要求，以及建筑对整个社会所起的作用，更为宏观，也更为重要。但这方面迄今仍然是一个新课题。20世纪60年代，美国建筑师波特曼提出共享空间理论，认为人们必须从建筑空间的关闭性中解放出来，身处一个空间中能意识到既独立又与其他空间能作信息交往（如视线、声音、言语等）。这能使人们在精神上获得自由感和满足感。例如，波特曼总喜欢在一个大的中庭里设置若干个小岛式的空间，使人们在其中游憩时获得这种共享效用。他认为，有些人喜欢观看别人，但又不愿别人去看他；而有些人则既喜欢看别人，又愿别人也看他，喜欢处在不断与人交往但又能独立自由的境界中。这种"人看人"的理论与当今社会中横向联系的增强有关。这种社会现实已向审美升华，不仅满足了人们的实用需求，而且已成为一种建筑美流行于世人有感觉，有思想，不是玩偶。人的精神世界是一个广阔无际的天地，人的需求是丰富而且永无止境的。越是物质方面的需求得到较大满足时，精神方面的需求也就越多、越强烈、越重要、越迫切。人的精神需求的数量与质量的增长是与社会的文明程度及其发展速度成正比的。同时，我们必须创造一种能满足人的情感的物质需要，并能激发人的精神增长的物理环境。人在创造环境的同时，环境反过来也对人产生影响。要使建筑环境创作既有"情"又有"理"，既有高度的科学性，又有浓厚的人情味，是多元的而不是单元的，是丰富复杂的而不是简单划一的，这样才能符合人对环境的心理需求。

人们对不同类型的建筑内环境心理需求是不同的，如娱乐空间、商业空间、办公室，住宅等的空间性质不同，内环境设计要求不同，人在内部空间的感受也不同。娱乐空间环境气氛热烈奔放刺激，具有"变幻美"。商业空间环境气氛生动活跃，具有"动态美"。办公室、住宅的空间环境气氛安静，具有"静态美"。

具体说来：空间美一般表现为三种美的形态，这就是单一围合空间的"静态美"，有机复合空间的"动态美"，以及趣味空间的"变幻美"。

"静态美"（图3-3）：表现为完整、单一、封闭、离立，与其他外在空间缺乏有机联系和贯通，有着较好的秘密感和安谐感。如：居住空间、古罗马的万神庙、以及如图圆形中庭的几何对称空间等。

"动态美"（图3-4）：表现为活跃而富有生气的空间形态，它的基本特征是外向、连续、流通、渗透、穿插、模糊，表现了独特的动

图 3-3　体现静态美的空间　　　　　　　　图 3-4　体现动态美的空间

态空间美。比如：歌德曾把建筑比作"凝固的音乐"加以赞美，从空间的节奏和序列变化，时而急促，时而舒展，时而起伏跌宕，时而高潮涌起，仿佛在空间变化中感受到了"音乐的旋律"的动态美。再如：赖特的"流水别墅"，把山悬流水引入住宅，落入山涧，"静寓动中，动由静出"，通过视点的连续变化，才使人真正领略到这类空间的"美"来，另外流动的线条也能产生动态美。

　　"变幻美"（图 3-5）：如同趣味空间也是有机复合空间的一种，不过它的美感形态更加繁复、深邃、变幻，因而呈现出更为奇妙多变的动感效果。这种奇特的"变幻美"正如赖特所说："有着极大的包容

图 3-5　体现变幻美的空间

性，蕴涵着动的潜力和无穷无尽的变化。"如图通过镜面材料产生的变幻美。

建筑环境的灵魂是空间，空间作为人类存在的量度，是连续的统一体，空间具有可以流动的本质。建筑不仅是空间艺术，而是一种时空艺术。建筑的美随其内部空间形态的变化而变化，建筑的内在结构关系是空间构成的形式，时空艺术。这些语言也从不同方面，以不同的手段与形式形成一定的心理因素。

人存在与活动于一个三度空间环境中，空间包含着体，体也包含着空间，体的设计元素为概念元素、视觉元素、关系元素、实用元素和构成元素。概念元素是眼睛看不到的点、线、面、体；视觉元素是眼睛看得到的物体的形态、大小、色彩和肌理；关系元素决定视觉元素彼此间的位置编排及其相互关系，包括位置、方向、空间、重心等；实用元素具有具象、意义与功能；构成元素介于概念元素与视觉元素之间，包括棱角、边缘和表面。这些环境空间的设计语言从不同方面确定空间的设计个性，表现不同的心理空间。

空间以人为中心才富有意义。从空间对于人的作用来看，有积极空间和消极空间的概念。积极空间，意味着空间满足人的意图，或者说有计划性。空间基本上是一个物体同感觉它的人之间产生的相互关系所形成的。所以，在研究空间时，必然要考虑到人的尺度，人与建筑环境之间的距离，人的空间依靠性，以及运动空间与停滞空间，空间领域及空间心理感受等。

空间，是建筑中可供人们使用的地方，正如老子所说："埏埴以为器，当其无，有器之用。凿户牖以为室，当其无，有室之用。"（《道德经》第十一章）意思是说，碗因其中间是空的，才有盛饭的功用，如果实心一块，则不可用来盛饭；建房造屋开设门窗，只是因为有四壁中的空间，房子才能使用，若房子是实心的，门窗亦无空，则根本无用。赖特曾强调他对建筑内部空间的实践："……老子表达出了这个真理，现在在建筑艺术之中体现出来。老子宣称：'建筑的本质并不是存在于屋顶和墙壁之中，而是在居住其中的内部空间。'而我建造了它，当统一教堂建造的时候，内部空间的意识开始获得成功。"总之，赖特不仅为东方建筑文化体现出来的美感所感动，也从东方的哲学中受到启发。

空间不仅有使用价值，而且也有很强的文化表现力。一方面，空间的概念不仅蕴含、呈露着不同人的个性特点以及社会习惯、环境和文化等因素的综合旨趣，甚至民族习性、国情都与之密切相关。空间布局诸因素对个人空间的私密心理、领域心理、保护距离、保护措施等都会产生不同程度的影响。另一方面，空间的大小、形状、方向，开敞或封闭、明亮或黑暗，也都可以对人的精神产生作用。一个宽阔高大而明亮的大厅，会使人觉得开心舒朗；一个虽广阔但低压而且昏暗的大厅，会使人感到压抑沉闷甚至恐怖；一个狭长而且高大的哥特式教堂中殿，会使人联想到上帝的崇高和人类的渺小；一个狭长而并不高的长廊会使人产生期待感；开阔的、宏大的广场往往令人振奋；四围高墙封闭而面积狭小的广场则容易使人感到压抑，等等。这些都表明了空间的精神表现力。

2. 人体活动与环境心理

我们要创造的建筑环境是人间环境，一切物质建设是以人的需要为前提，物为人用，因人而存在，因人而昌盛，因人而变化，因此这个环境要以人体为基准。有人情味，这既是出发点，又是归宿。

柯布西耶说，为了人类活动的秩序，需要建立标准。标准必须建立在可靠的基础上，而不是反复无常的。标准必须具备确切的意向，具备由实验及分析所确定的逻辑性。所有的人有相同的机体，相同的功能。所有的人有相同的要求。多年的社会约定形成标准化的类别、功能和产生对标准化产品的需要。如果人的机体相同，功能、要求也相同，显然应可确立柯布西耶所追求的设计标准，使设计符合人体功能的需要。建立标准需要探索一切实用的、合理的可能办法，从其中提炼出各行的类别，既符合功能，又能有最大的产量和最小的花费，在设计手段、技艺、材料、文字、形状、颜色、声音、温度等方面符合人的生理、心理需求。同时，建筑师应注意，要使建筑适合人的需要，应以确定适合的尺寸、形状，使空间环境符合人类生理、心理需要，然后布置这些空间，使之能促进人的机体在其间的具体活动。另外，布莱恩·劳森在《空间的语言》中谈到："尺度根本不是什么抽象的建筑概念，而是一个含意丰富，具有人性和社会性的概念，它甚至具有商业和政治价值。它是空间语汇中一种最基本的要素。从某种程度来说，尺度对于人与对于建筑同样重要……，尺度并不仅仅与尺寸有关。在小建筑里出现的大尺度和在大建筑里出现小尺度都是很可能的。"

人与建筑的关系可理解为感知关系，是感官接受到的刺激与过去经验之间大量的相互交往关系。刺激与经验的整合作用，确定了人对建筑的反应，也是一种本能的反应。德雷弗对本能的定义："从生理上讲，本能就是神经系统的先天秉性，具有明确的神经联络上的关联和协调，以致于某一特定的刺激必然唤起一特定的行为或一系列行为，无论是否具备某种与其配合协作的刺激都会如此。这种先天秉性是由于生物学上自然选择作用而引起的，它决定了行为的模式，达到某种生物学上有用的目的，而并不需要预见这种目的或有达到这种目的的经验。"同时，人在环境中有种本能的感觉，诺布尔说："正常的感觉、意识、思想只有在不断变化的环境中才能维持下去，如果没有变化，就要出现丧失感觉的状态。心理实验表明一成不变的环境产生烦躁、不安、注意力不能集中、智力减退的可能。"空间环境应有变化，那种本能地基于审美理由而要求的变化，有其健全的生理、心理基础。环境变化刺激了人们固有的能力，促使人们对重要事情有所感知而迅速做出反应，从而增进了效率。变化是值得的，更能满足人的行为心理与情感心理。

"建筑环境是抑制本能的手段，最明显的是更易考虑到身体表面的舒服，即人通常对自然气候所作的第一调节便是穿衣服。"人与动物一样能对急剧变化的温度做出调节，而维持体内恒定是一件复杂的事。当皮肤气温下降时，体内新陈代谢加速，于是体内环境维持不变。建筑的主要作用也是维持我们的体温。然而，建筑在满足人类的基本本能方面，也起着非常不利的因素。建筑不可避免地把人与外界大自然隔开，以致莫里斯等人认为建筑的恶果是把人关在"人类动物园"或"混凝土丛林"中。因此，我们提倡修建与大自然密切交融的建筑，像赖特那样，追求深入室内的壁炉，发出神秘的火光，或像密斯那样，建立一个玻璃盒子，从室内毫不受建筑遮挡地窥视户外的树木、草坪和苍天。

在人的心理感觉方面，一般认为有几种基本感觉，即视、听、热、味、嗅和触觉，霍希伯格做了几种分类：

距离感觉：视与听。

皮肤感觉：冷、热、痛、触觉，以及与化学密切相关的嗅与味。

深部感觉：肌肉与关节的位置与动作感觉、平衡感觉、内脏感觉。

谈到的肌肉和关节的位置感觉和运动感觉。对于空间感受很重要，有助于解决我们所处的空间关系问题。因此，在思考设计时，这些感觉能奇妙地有助于解决某些朦胧的问题。沙利文的名言"形式从于功能"提出一个明显的问题，即跟从到什么程度？人的运动感觉能专门解决这一问题。假设在电脑操作上，我们将看到在一定的人体工程学精度级上，设计所需的精度要求确是很高的。例如要想操作得好，手指应置于离有关字键 5 毫米距离之内。再如大量人体测量学资料表明，如果椅高 44.5 厘米，50％的人就会觉得很舒服。

建筑应满足视、听、热等方面的舒适要求，这一点不会有建筑师不予认可。有些人更进一步认为建筑师的设计不仅要满足舒适要求，还应使人喜悦。如果在冷热感，听觉上设计得令人喜悦；而同时视觉上、情感上却不令人喜悦，这样的设计似乎是不一致的。

另外，人的行为心理学也是我们要研究的。如果人们稍加细心去观察一下，就不难发现环境和人之间的关系是非常微妙而又极其有趣的。比如说，一般情况下，老年人不太喜欢过分热闹过分复杂的环境，他们不喜欢逛商场，上酒吧，更厌烦听吵闹的音乐或去复杂而幽暗的场所。而青年男女和儿童们正相反，愈是热闹的地方和奇特的地方愈是想去。又比如人到餐厅吃饭，不妨留意一下，第一批来客多半先挑靠窗靠墙的沿边座位，陆续来的一看这些座位都占满，就只好退而求其次挑那些靠柱、靠边、靠角的，再晚来的只好坐四面临空的座次，谁也不愿先挑中心区域去让人四面围观的座位，而且更不愿与不相识的人共用一桌。还有，在公园里的座椅，人们总喜欢占有偏僻不显眼的地方，不愿看人在自己面前走来走去，也不愿把自己放在众目睽睽之下任人观赏。一条座椅上如果有人，尽管还有空位，后来者也很少去挤在中间。这些现象似觉奇怪，其实生活就是如此，不同的人在不同的环境中都会表露出不同的行为和心态。环境给人的影响有些是与人的心态取得平衡时就能和谐相处，有矛盾时就不能为人共享，或者完全不实用，或者只能满足与之适应的部分人的需求。建筑作为人与环境的中介，建筑设计在处理实用功能和审美功能时就应充分细致并全面考虑这些微妙的行为和心理关系，并使之取得相适应的和谐。

在建筑环境中，人是主体，应以人为基准，体现人性，表达人情。同时，人与人之间有着本质的区别。人的活动总是多种多样的，并且与年龄、性别以及社会经历、文化层次、生活方式等多种环境因素息息相关，不同的环境对人产生不同的影响。建筑本身就是人类生活生存的环境，建筑活动就是环境再创造活动。认识到环境对人的影响以及人在不同环境中的反应，进而处理好人与建筑的环境关系，以及建筑与其周围环境的环境关系，有助于构建建筑与人的和谐关系，使建筑环境符合人的心理情感因素。因此，要求人体活动与建筑环境协调一致、密切相依，乃是建筑环境的重要功能表现。

三、隐喻手法

1. 建筑隐喻

隐喻作为一种修辞手法，最早由古希腊哲人亚里士多德在《诗学》中进行定义："隐喻是通过将属于另外一个事物的名称用于某一事物而构成的。"英国当代的修辞学家理查兹提出了"隐喻是人类无处不在的原理"。拉科夫等人提出的"概念隐喻理论"，认为隐喻是由具体概念域对抽象概念域的系统投射，用具象表现抽象意义，深层涵义和概念隐喻由外在形式来对应。

　　由亚里斯多德的隐喻概念出发，我们不难定义建筑隐喻——用建筑的语言、手段去表达某种其他领域的含义。它是指人通过建筑本身所显示的人的精神或心理，情感态度或某种认知关系。毫无疑问，某一概念的产生与发展是人的认识实践活动所决定的。建筑大体上属于非隐喻的客体，把建筑投注入人类的精神观念是在建筑出现相当久之后的事。人类在思维概念的发展进程中由于客体自身形态的原因将某些事物用一种相同结构性统一起来。

　　所谓建筑的语言、手段包括建筑的空间形态、色彩、材质和装饰构件等组成部分。在建筑隐喻中这些建筑语言和手段被赋予某种意义，人们通过它的中介，达到对隐喻的认知。一方面，建筑语言、手段和建筑隐喻存在着对照关系，另一方面，隐喻的认知则依赖或主要依赖文化的经验和某种提示的背景。因而建筑隐喻会在不同的文化场中具有不同的意义。对隐喻的多义性理解决定于人类经验的差异。既然在建筑中，隐喻概念是由建筑语言、手段来确定的显示，并通过人的经验系统的交互作用于人自身而获得的，那么由于人的经验与文化背景的不同理解的多义性就是必然的了。例如，在西方教堂中有前廊和前庭，对于教徒，在理念上是隐喻从俗界到圣域的阶层过渡过程，但是对于没有宗教经验的人，则仅是一种感觉适应的过程。

　　从大量的事实中可以证实，隐喻是多义性的。在地方性与民族形式建筑之中，建筑隐喻的中介除了建筑的空间形态以外，还有其特有的色彩匹配、材质以及装饰构件。建筑形态尽管千差万别，但建筑的"空间"本体却是相同的，观者对于建筑含义的认知主要取决于它是否造成了某种隐喻的氛围，相似的或同一的控制形（控制形是一种具有特定认知意义的最少的特征点的集合）占有整个建筑形态的主导地位，对于形成统一性和某种相应的氛围是必须的。这可以表现在面积大、分布广泛、均匀、数量多等视觉优势上。从逻辑上讲，任何本体结构部分地或整体地相似的事物，均可能形成观念的隐喻关系。因为任何人类经验都会演变为种种精缩的结构类属，在这些结构类属中，相似的结构特征可以通过一种被另一种相似表述所代替的方式联系起来，人类认知正是包含这种不断扩大、积累的结构类属精缩的过程，任何新的认识都将化归于已有的结构类属或建立新的结构类属。同时也正是这种过程为人们表达思想提供了便利，任何难以直接表达的东西可以通过隐喻来表达，也使不同事物相互联系起来，这种过程可以是单层次的，也可以是复合层次的。自然，对于复合层次的隐喻的理解相对困难得多。理解用实体来隐喻的某种理念，比起理解用语言隐喻的理念要困难，但是，如果隐喻的是某种知觉经验，理解就会容易些。很明显，实体的隐喻以感觉性的对应关系为基础时，可以在不借助外部因素的情况下传达给观者。当实体的隐喻以文化的复杂联系为基础时，则隐喻的实现与否就会因人而异。前者并不是社会约定俗成的结果，实体引起的感觉反应与精神联想为隐喻的建立提供了场合和手段，感官印象和相似结构的联系就成为隐喻的基石。

2. 当代中外建筑设计中的隐喻表现手法

（1）当代中国建筑设计中的隐喻表现手法

在中国古代的建筑活动中，隐喻的运用并不鲜见。到了当代，作为最大的发展中国家，大量建筑还是停留在满足功能需要的基础上，而较少考虑建筑的标志性功能，但是随着社会的发展，建筑设计中的隐喻手法越来越多地崭露头角，特别是明显的表现在一些纪念性建筑的设计之中。因为纪念性建筑的特殊性质，人们的对其建筑的表意功能尤其注重，因此，在设计中运用隐喻手法来达到对历史文化和事件的再现，就成为了这类设计中的主旋律。在这类型建筑设计中，几位国家级建筑大师的作品最具有代表意义。

①彭一刚设计的威海中国甲午战争博物馆（图3-6）

彭先生认为："……一般的建筑因功能、结构所限，多呈方方正正的几何体形，这自然不可能赋予它以任何象征意义。……借象征触发人们的联想应当说是属于'隐喻'的范畴，如果不似或过于抽象，便无从触发人们的联想，其结果只能是言之谆谆，听之藐藐，像是猜哑谜，谜底过深，大家都猜不透。反之，如果太似，也将会因一目了

图 3-6　威海中国甲午战争博物馆　　　图 3-7　镇海海防历史纪念馆

然显得浅薄、粗俗。只有把握住度而做到恰到好处，方可使之耐人寻味，并把象征手法的寓意作用推向极致。甲午海战馆的形象塑造正是朝着这个方向努力。"

　　可见，设计者力求在建筑中传达一种隐喻意义，与斯特林的船形设计一样，引起人们对海、船的联想，但最终建筑与雕塑的结合，将历史场景具象化了。建筑师也感叹："……这时，便悄然在脑海中浮现出甲午海战历史故事的片断：诸如战斗伊始……至此，仍感意犹未尽。这是因为象征、隐喻乃不免具有某种程度的多义性和模糊性，然而作为建筑语言的表现能力似乎已经到了尽头，要想使语意更加清晰、明确，便只能求助于另一种艺术语言——雕塑了。……和隐喻相比，这似乎可以称为'显'喻了。"写实人物雕像与建筑相结合，把电影情节雕塑化，这一时空凝结的再现手法获得了强烈的感官效果，这说明建筑语言与造型艺术语言的接近是传统性的，但正因为表面上容易结合，其中也潜藏着很大的危险。

　　②齐康设计的镇海海防历史纪念馆（图 3-7）

　　齐康设计的镇海海防历史纪念馆其建筑形态、空间序列、雕塑位置等处理更依从于环境整体氛围的要求。"厚重的墙体，形似海堤，犹如钢铁长城。碑顶是由北向南倾斜，即顺山势而下，斜坡的末端用黑色铸铁构成一个圆环和十字架，象征敌人的败退，这是运用隐喻的手法来显示丰碑'……"可见，隐喻本身即是一种创造。约定俗成并不是唯一的解释，好的设计应是"意料之外，情理之中"，应有原创性。

图 3-8　郑州河南省博物馆

图 3-9　绍兴震元堂及震元大楼

③齐康设计的郑州河南省博物馆（图 3-8）

郑州河南省博物馆的总体布局，取"九鼎中原"之势。主馆设在九宫的中心并作对称布置，具有传统文化的隐喻意义。在建筑形象的构思中，建筑师深入研究中原地区潜在的文化特质，汲取其古朴、淳厚的文化内涵，按照现代的审美特征给予适当的表现，创造出与天地浑然一体的现代建筑。

④戴复东设计的绍兴震元堂及震元大楼（图 3-9）

震元堂是具有 244 年历史的名老中药店，原店已经毁坏，基地仅620 平方米。设计构思从"震元"二字入手。平面为圆形，"圆""元"同音，以"圆"代"元"：地上三层，逐层外挑，内有一小中庭，剖面空问借"三"爻（震卦），喻意为"震"。中庭顶部为玻利维亚穹隆——震元明珠，整体形似药罐。主入口两侧各有汉画像石风的石刻，"中药发展历史"和"老震元堂历史"。店堂中央地面运用了"圆方六十四卦"卦相图案，体现传统医学中的"医、药、易"一体的精神。震元大楼将震元堂拥入怀抱，地上十二层自顶上逐渐跌落，整体轮廓有"马头墙"的韵味。

当代中国建筑设计中的隐喻构思，总的来说，较之 20 世纪 70 年代以前有了长足进步，隐喻的主题不再仅仅限于是火炬、五角星等革命主题，开始丰富起来。但是由于起步较晚和建筑设计受局限于经济限制等原因，中国当代建筑的中隐喻手法还有一定的局限性，表现在：其一，较多出现在纪念馆、博物馆等有突出建筑表意功能需要的建筑类型上，其他类型建筑的隐喻现象还不多；其二，隐喻中层次较高的"原型"和"母题"的手法还不多见，也没有出现以这些手法著称的建筑师；其三，古典主义的隐喻手法还不成熟，大量的大屋顶建筑只是形似的简单模仿，而没有深刻的隐喻含义，统一成熟的古典主义隐喻手法尚未形成。

（2）当代西方建筑设计中的隐喻表现手法

在当代建筑设计舞台上，许多著名的建筑师都在自己的作品中大量运用隐喻手法，使设计的建筑具有形象以外的深刻含义。或幽默、或讽刺、或喜悦、或低沉、或深奥晦涩、或清晰明了，建筑的隐喻运用相当广泛。在他们当中，比较著名的，也是经常在其作品中运用隐喻的几个大师有：格雷夫斯、文丘里、矶崎新等。他们都是以其无所不在的隐喻手法而为建筑界称道的。当然，除了几位大师以外，在许多各个流派的建筑师包括前卫的流派，诸如解构主义的代表作品中我们也可以找到隐喻的所在。在当代中国的建筑设计中，隐喻的使用也并不鲜见。由此可见，隐喻是一种跨流派的设计手法，合理的运用隐喻是设计者自我情绪的表达，自我意志的表达，也是设计者与观者沟通的桥梁，使我们的建筑空间更加富于故事性，富于情感、文脉和内涵。

当代西方建筑设计中的隐喻构思是丰富多彩，千变万化的，但是，万变不离其宗，在这些种类繁多的隐喻表现手法之中，总有某种内在的规律约束着它们。我们发现在建筑设计的隐喻表现手法大致可分为："象形"的隐喻手法、"母题"和"原型"的隐喻手法、古典主义的的隐喻手法、叙事的隐喻手法。

①"象形"的隐喻表现手法

所谓"象形"就是指建筑物或者建筑物的局部在外部形态上或者内部空间形态上试图隐喻某种具体或抽象的事物，我们把对具体事物的隐喻称之为"形似"，把对抽象事物的隐喻称之为"神似"。"象形"

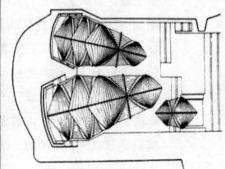

图 3-10　悉尼歌剧院及歌剧院屋顶平面图

的手法是一种较为直白的建筑隐喻构思，它隐喻的对象也具有广泛的认同性，对观者的文化背景没有什么特别的要求，一般也不涉及文脉和民俗传统。

　　"形似"指的是设计者用建筑物或者建筑物的局部的形态去隐喻某种具体的事物，一般表现为建筑物或者建筑物的局部和所隐喻之物形态上的相似。这种隐喻类似明喻，但它不像明喻那么一目了然，也不是明喻那样简单的模仿，而是运用建筑语言对所隐喻之物高度抽象其特征，将之建筑化。对于这种建筑隐喻的认知也不像明喻那样是唯一的，观者因为个人经验的不同，可能在形似的范围内对所隐喻之物有不同的理解。

　　例如伍重设计的悉尼歌剧院（图 3-10）就是运用"形似"的手法的建筑隐喻佳作。在谈及悉尼歌剧院的设计意图时说："悉尼歌剧院是以屋顶取胜的建筑之一。因为它完全暴露于来自各方的视野，人们可以来自空中或泛舟于其四周的水面。它坐落在一个既美丽又活动频繁的港口的海岬上，这个海岬正位于悉尼市的中心点。而该市的地形则是从海岬两侧缓缓的斜升起来的，因而歌剧院很自然的成为其视觉焦点。这意味着：在这个受人注目的位置上，是不该出现一栋毫不强调屋顶特征的建筑。这里不应该是一个竖满类似通气管之物体的平屋顶。总之，它应该被视为一座拥有五个立面的建筑，而且每个方向都同样重要。因此与其将它塑造成四方的形态，毋宁用雕塑的手法来处理一个包容所有必要功能的雕塑，也就是说每个空间都是由屋顶来表现。若回想一下哥特教堂，也许它会使你更能了解我的意欲所在！""注视哥特教堂，你将永远无厌烦感，而且也绝对无法将他完全看透——每次当你从他旁边经过或对这阳光加以注视。它都会给你一番新的感受。尤其重要的是：它与太阳、光线以及云层所构成的相互作用，建筑充满了活泼朝气，因此为了表现这种活力，我们把所有屋顶都贴上瓷砖。每当阳光照耀时，就会在这些曲面产生变化多端的效果。""当我们实地体验它们时，可以从这些活泼的造型了解建筑。就如同我们泛舟于其四周一样，其锯齿状的剪影改变了其特性，使歌剧院外观由垂直性变成了水平的感觉。要做出如此错综复杂的形体，必须具备清晰的几何形体概念，从中抽出一些较和谐的造型。我曾尝试过许多不同的体形，而这些形体都是来自几何学所界定的体量，例如由椭圆形及抛物线所形成的体量。最终选定了以球形所构成之造型。"

从伍重的谈话可以看出，他首先是从环境出发来考虑建筑造型的。另外他很注重建筑的内在意义，注重建筑给人的感受、联想与启示，这些都是通过造型的隐喻和各种视觉效果来达到的。

伍重也用同样的手法来处理观众厅周围的木质吸音壁，断面上一连串的圆柱体，显示"系出同门"的感觉。他称之为自然中激浪拍岸的隐喻。此手法也用于处理环绕观众厅过道上形状复杂的嵌板以及封闭壳的开口所用的宽大倾斜的玻璃壁，隐喻人类的手臂或者鸟的飞翼，但因技术原因，没能实现，现在的室内仍旧有海浪的效果。

伍重主要是用自然主义的隐喻，并不涉及历史文化的符号等内容。歌剧院的吸引力在于厚重的基墙与飞翔的拱顶并置，这种并置是伍重的一贯的主题。伍重认为平台可以从地面上界定出活动的场所，而且使场所与天空有一种联系。因此人们可以从闷不透风的椰林登至无限宽阔的平台上，有阳光、浮云和微风。平台使人感到双脚有如站定在大石头上一样有厚实感。而屋顶则悬浮在平台上，可以是整片的或是由许多小片组成，在头上横架着、飞舞着。在台基的上方，可以让人们从事艺术活动，台基下则用来为这些活动进行完善的准备工作。

诺伯格·舒尔茨评论说，伍重对基座与屋顶的构想，表达了比礁

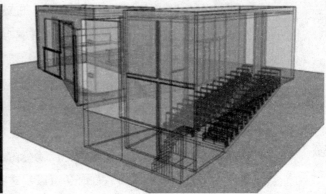

图 3-11 "光"的教堂

石与云朵隐喻更深刻的概念。这概念的重要性在于它给建筑之所以为
艺术以生命力。建筑表达其内涵方式是表达它如何与大地结合，如何
巍然耸立，如何在空间中收放。所有这些界定了其在天地间"存在"
的意义，构成了一个足以供人类活动的场所。屋顶再度显示者，人类
是如何傲然屹立在天底下。它不仅界定了人类活动的空间，而且更进
而创造了一种环境特质，使人类活动存在着价值。悉尼歌剧院虽然没
有用澳大利亚民间的标志予以强化，但它作为世上独一无二的特殊造
型建筑是成功的，尤其是它多阶的隐喻性。

　　"神似"指的是设计者用建筑物外部或者内部的空间形态去隐喻
某种抽象的事物，诸如情感、气氛，等等。一般表现为建筑物外部或
者内部的空间形态能营造某种特定的空间氛围唤起人们心中某种情感
反应。这种隐喻是用有形之物去隐喻无形之物，借助的是特定的图式
对观者心理起到的相似作用，当然由于观者的个人经验不同，其情
感反应也不尽相同。这种抽象的隐喻一般也不涉及历史典故或者传
统主题。

　　安藤忠雄设计的"光"的教堂。（图 3-11）在安藤所擅长的宗教
建筑设计中，他让光行使了一种反映特定精神内涵的隐喻功能。这种
用空间中光线渲染的氛围去隐喻某种情感氛围，就是一种"神似"的
建筑隐喻手法。光的教堂是他这类建筑中的重要代表作。该建筑具有
高度的艺术纯粹性，充分体现了安藤有关光明与黑暗对比并存的设计

图 3-12　中央邦议会大厦鸟瞰图

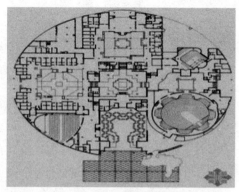

图 3-13　中央邦议会大厦平面图

图 3-14　中央邦议会大厦内部 1

图 3-15　中央邦议会大厦内部 2

理念。这个矩形的混凝土方盒子经由一个带有雨棚的入口进去，然后穿过一片微光依稀的楔形空间，最终导向一黝黑的教堂室内。就在这种非常抽象的文脉中，光被安藤用来创在了一种出乎人们想象的用途——一个巨大的、火焰般燃烧的"光的十字"缝隙，被深深切刻在圣坛背后的墙壁上，不由得使人感到它仿佛连接了另一个神秘的精神世界。在这一系列对光线进行控制的空间序列之中，安藤利用黑暗与光明隐喻了人间与天国之间的巨大差异，神人殊途。

　　运用建筑的空间形态隐喻某种无形的历史文化或者宗教传统，也是一种"神似"的建筑手法。查尔斯·柯里亚设计的中央邦议会大厦（图 3-12、3-13、3-14、3-15）位于首府博帕尔市阿里亚山的山脊。建筑师面临两个挑战：一是山顶上建筑的巨大体量的处理（32000 平方米）及建筑内多种功能的容纳与分隔；二是如何处理好既要保持印度历史文化传统，又要摒弃模仿传统形式，赋予这幢建筑以现代建筑的语言。

该建筑的平面布置形式仍重现了柯里亚的曼陀罗图案的情结，将一系列公共空间分隔成九宫格形式，围合在一个圆形平面内，营造了拥抱天空的建筑形式。中间部分十字形空间由 5 个院子组成，每个院子虽有不同形式及内容，但又都从不同角度反映出印度文化的传统与特色，并有了新的喻意。圆形平面的 4 个周边角分别设置了上议院、下议院、综合厅及图书馆。整个大厦有 3 个入口，即公共入口，VIP 入口及议员入口，它们间隔插入圆内。条理分明的通道有序地联系着各种功能的建筑，满足了功能及安全服务要求。

位于山顶的议会大厦以其不寻常的外墙色彩和立面轮廓线吸引着人的视线。象征着桑吉古代佛塔的圆顶、围墙、敞院以及建筑内部的门头、彩绘等形象，创造了一个城中城的氛围，将民间艺术与建筑传统有机地结合在一个现代建筑中，产生出独特的艺术魅力。通过在博帕尔邦议会大厦中一系列开阔的露天庭院设计，柯里亚重新向公众展示了建筑的隐喻性和诗意。它们都以来源于印度佛教、宗教仪式和宇宙观的"朝向天空"的空间为基础，通过现代建筑的语言来给予表现。在柯里亚的许多建筑工程中，开放的庭院和平台扮演者多重角色。通过隐喻的作用，这些庭院和平台将现实存在的人的实体和他们的灵魂同更广阔的生活环境结合起来，一方面它从实际上讲是对当地气候条件的适宜解答，另一方面它从精神上讲也是对高密度城市生活巨大压力的缓冲。

② "母题"与"原型"的隐喻手法

"母题"的隐喻手法是指在建筑设计中反复运用某一个主题，这一主题是某种建筑构件、建筑形态、雕塑、绘画等建筑构成元素。它们在使用的时候形态是固定不变的，几乎不做变形和抽象的处理。它们表达的含义也是一定的。"母题"的反复出现是建筑师强调自己的某种个人体验或者个人情感的手法，极具个人色彩，表现了建筑师独特的建筑、哲学视野和鲜明的建筑个性。

原型是集体无意识内容的、可阻具体外化表现的基本形式。建筑

图 3-16　梦露裸体躯体

图 3-17　图书馆椅背

　　上原型是指历史上存在并一直保留下来的某种特定的建筑形式，包括建筑的平面布局，建筑形态以及建筑构件，等等。它是过去人们生活方式、思维方式、情感表达方式的典型体现。运用"原型"的隐喻手法特征是基础法则的恢复和原始模型的复活。建筑师对原型的关注，正是表明建筑师要透过建筑的表象，对建筑内在品质——艺术的隐喻之意的刻意追求。深入到集体无意识的深层发掘，表明建筑艺术创作向历史、社会文化方面回归。

　　在建筑隐喻大师矶崎新的设计中，反复运用的同一种建筑语言的主题——即"母题"是其隐喻的一个重要特色。矶崎新在其作品中曾多次令人费解的运用玛丽莲·梦露裸像躯体（图 3-16）的剪影轮廓这一"母题"，比如北九州图书馆的阅览椅背（图 3-17）。这说明碧眼金发胸部高耸的西方女郎对日本男子的巨大魅力。不经解说人们很难认出这些形象，即使认出也无法了解其寓意如何。

　　隐喻可单独出现，并且一再重复出现。不管出现几次，所有各次隐喻中必然存在着一些共同的主题，这些主题就是地道的手法主义。

目前矶崎新用的较多的主题有：神圣的"天柱"、机械简体、柏拉图实体、帕拉第奥式、空虚、黑暗、阴影、黄昏或黎明的黯淡光线、废墟字母和人面形象等。矶崎新曾论述"引用"和"隐喻"的区别，不过两者总还存在一定程度的混淆交错关系。如：他的某些"引用"之源：玛丽莲·梦露、意大利宫廷式宅邸、帕拉第奥式，实际上都不是"引用"，而是"盗用"，他把它们改头换面转变成建筑的装饰题材，这些装饰题材与原作的关系往往是暧昧不清的：群马县美术馆门厅的墙面开口形状是玛丽莲·梦露裸像躯体的剪影轮廓；北九州图书馆餐厅与其说是"引用"还不如说是暗示玛丽莲·梦露的一则隐喻；大分医学会堂新馆大讲演厅的天窗屋顶并非真正天然的"层积云"形式，只能说是一种象"层积云"的屋顶——无非只是外形相似而已。

在矶崎新设计的立面中，人面图形也是一种一再出现的形象。有时人面形象以抽象的形式出现，类似一幅瞬间速写，简直难以认出，但当它出现在富士县乡村俱乐部、福冈相互银行六本松分行、群马县美术馆展览大厅及丫氏宅的立面上时，它的重要性是毋庸置疑的。

意大利建筑师阿尔多·罗西（Aldo Rossi）是当代建筑界的一位国际知名的建筑师。罗西 1966 年出版著作《城市建筑》，将建筑与城市紧紧联系起来，提出城市是众多有意义的和被认同的事物（urban facts）的聚集体，它与不同时代不同地点的特定生活相关联。罗西将类型学方法用于建筑学，认为古往今来，建筑中也划分为种种具有典型性质的类型，它们各自有各自的特征。罗西还提倡相似性的原则，由此扩大到城市范围，就出现了所谓"相似性城市"的主张。他强调地域历史和记忆存在于已知和未知空间环境中的重要性，这样可以使空间环境与人产生亲密感。罗西将城市比作一个剧场，他非常重视城市中的场所、纪念物和建筑的类型。罗西将在建筑设计中倡导类型学，要求建筑师在设计中回到建筑的原型去。他的理论和运动被称为"新理性主义"。

在罗西的草图手稿中，我们可发现他不断重复着一些固定的形象，例如三角形构件、柱廊、沙滩小屋、咖啡壶等，这些均可视为其心目中的原型（图 3-18、3-19）。罗西的作品之所以吸引我们是因为

图 3-18 弗雷德里希大街公寓

图 3-19 卡洛·菲利斯剧院

他在建筑创作上的"原创性"。他与格雷夫斯不同，他似乎离商业化与工业化的负面影响更远一些。他的作品表面上很理性，很注重历史修养，注重地方性，但是，在其冷峻的建筑面貌之后，隐藏着他的激情和幽默感。他的设计有着一种纪念性与隐喻性的倾向。他并不盲目地追随现代主义建筑传统，而是专注地研究建筑本体，关照建筑语言的"言语"方式，用自己对于基本的几何形体的理解与运用来表达建筑与现实与过去的联系在方法上，他所倡导的类型学的方法，实际上是要导引建筑设计回归到原型。他使用圆柱体、方锥体、圆锥体、三角形体等造型元素，并且所处理的建筑表面平整干净，开口经常以平板面整齐单一的孔洞表达，如同用儿童积木组搭而成的玩具。

③古典主义的隐喻手法

古典主义的隐喻手法指的是在建筑设计中，运用古典主义的符号（包括装饰符号、结构符号、空间符号）来进行对历史文化的隐喻。貌似复古的古典主义隐喻手法，其实是要在日渐单调乏味浅薄的现代建筑丛林里寻找历史文化的脉络，唤起人们对历史文化的怀念和尊重。在古典主义的隐喻设计中，并非是将建筑物彻底的复古，而是将古典建筑的元素和现代建筑的元素糅合起来，创造一种古今结合、交融的建筑形象。对古典主义隐喻的认知要求观者对该古典主义的文化背景有一定的了解，才能唤起其心中的共鸣。

格雷夫斯的古典主义隐喻手法。格氏的古典主义的隐喻手法表现在对古典符号的理解和巧妙使用。格氏经过对古希腊、古罗马建筑的

图 3-20　普赛克住宅的古典意味　　　　　　　　　图 3-21　休曼那大厦

研究，在建筑中以比拟和隐喻来象征文化的连续性，用单一符号的处理来达到赋古以新的效果。他成功的引用过许多的符号，这里介绍最成功的两例：一是拱心石格氏运用它来隐喻拱券，更深一层的意思是以此来隐喻古典建筑。例如：1977 年设计的普赛克住宅（图 3-20），该建筑已脱离了后柯布时代的模式，所呈现的是厚重古朴的古典意味。其入口上部以拱心石来强调，以此达到隐喻的高潮。著名的休曼那大厦（图 3-21）也是不自觉的运用了该符号……就连室内的家具设计也不例外。尽管格氏将这一符号处理成不同的形式，但其隐喻的含义以及古典主义的渊源是不变的。二是圆厅柱廊圆厅是文艺复兴时常用的空间形式，圆厅柱廊也使人联想到古典建筑。同时"柱作为空间中的形态，它的内在本质与其细节无关，它正体现一种抽象"。圆厅廊柱在格氏的平面空间处理中，几乎是必不可少的语汇。这充分说明了格氏对现代建筑之前的建筑空间形式的钟爱。在普赛克住宅设计中，其圆厅的柱廊亦是传统符号的再现，格氏提到罗马的吉阿迪诺是它的来源。格氏似乎对这种室内空间符号的使用意犹未尽，又将它挪用到了室外，搬到了建筑的顶层这一特殊用法几乎成了格氏建筑的风格标志。

　　罗伯特·文丘里的古典主义隐喻手法。罗伯特·文丘里的作品与著作与 20 世纪美国建筑设计的功能主义主流分庭抗礼，成为建筑界中非正统分子的机智而又明晰的代言人。他的著作《建筑的复杂性和矛盾性》（1966）和《向拉斯维加斯学习》（1972）被认为是后现代主义建筑思潮的宣言。他反对密斯·范·德·罗的名言"少就是多"，认为"少就是乏味"。他认为现代主义建筑语言群众不懂，而群众喜欢的建筑往往形式平凡、活泼，装饰性强，又具有隐喻性。他认为赌城拉斯维加斯的面貌，包括狭窄的街道、霓虹灯、广告牌、快餐馆等商标式的造型，正好反映了群众的喜好，建筑师要同群众对话，就要向拉斯维加斯学习。于是过去认为是低级趣味和追求刺激的市井文化得以在学术舞台上立足。

文丘里在 1962 设计的母亲住宅（图 3-22）是后现代主义建筑的肇始之作，他一反当时盛行的现代建筑风格，不采用平屋顶方盒子的形象，而采用了传统住宅常用的平屋顶，但他并非简单的复旧，而是对传统建筑形式加以割裂、变形。立面运用了古典建筑筑山花的形式，并加了现代主义建筑所摈弃的，古典建筑常用的装饰线脚，但进行了种种非理性，复杂及非和庇的异变。门上的一道细弧线，隐喻拱券。山墙中间开了一个大缝，使之产生断裂之感，窗户的安排极为任意和不对称毫无秩序，入口故意放在门廊的侧面，室内壁炉、烟囱和楼梯纠缠在一起，变化突兀。此建筑表现了复杂、文脉、激变、暧昧

图 3-22　母亲住宅

图 3-23　斯图加特美术馆空间布局

模糊等不确定的异化效果，显示出文丘里所谓的"以非传统的方式对待传统"。

　　詹姆斯·斯特林的斯图加特美术馆。斯特林投身到后现代阵容之后，善于在其作品中使用大量的古典主义建筑元素，变化无穷，作品的隐喻含义也十分丰富。在斯图加特美术馆的设计（图 3-23）中，斯特林将古罗马斗兽场、古埃及神庙等古代元素同构成主义的雨篷、高技派的玻璃墙和管道、大众商业化的室内顶棚等现代元素并置为一体，各种元素不和谐地相互碰撞，制造出了一种富有魅力的"杂乱无章"的感觉。同时他的设计并没有摒弃历史文脉，只不过他不再是用传统的、软绵绵的、弯曲的融会方式，取而代之，他采取的是有力的，决断的呼应形式。

　　与此同时，设计也很好地完成了城市中心区的博物馆建筑所面临的"任务"，即在树立自身形象的同时，还要重视市民的参与性。新馆将这一问题的解决体现在建筑空间与街道形态的融合与优化上，并成功地推行了一种带有露天雕塑广场，室内外相结合的、与城市生活互动的美术馆模式。新馆通过一条自东向西绕过建筑中央下沉的陈列庭园的公共步行道，将建筑两侧有高度差的道路联系起来。这条步行道结合直线与曲线的坡道在不断变化当中与下沉庭园的雕塑艺术品相遇，成为一条充满趣味的交通路线，使市民能够更多地感受到美术馆的艺术魅力。

④叙事的隐喻手法

叙事的隐喻手法指的是通过一系列的建筑空间氛围营造，来达到建筑空间形态对历史事件或者民间传说的隐喻，这是一种难度高超的隐喻技巧，是运用建筑语言的叙事功能，通过空间的序列来完成的。观者在设计者有意安排的路线指引下，经由序列空间的刺激，同时还结合受到光线、色彩、雕塑、文字说明等辅助的叙事手段的刺激，达到对隐喻的认知。对这种隐喻的认知对观者的文化背景和个人经验有着一定的要求，只有具备相应的文化背景的观者才能完成对隐喻的认知。

丹尼尔·里伯斯金的柏林犹太人博物馆（图3-24）。反复连续的锐角曲折、幅宽被强制压缩的长方体建筑，像具有生命一样满腹痛苦表情、蕴藏着不满和反抗的危机，令人深感不快。丹尼尔·里伯斯金

图3-24　柏林犹太人博物馆内部空间

设计的"柏林博物馆（犹太人博物馆）"的整个建筑，可以称得上是浓缩着生命痛苦和烦恼的稀世作品。

里伯斯金称该博物馆为"线状的狭窄空间"。理由是在这座建筑中潜伏着与思想、组织关系有关的二条脉络。其一是充满无数的破碎断片的直线脉络。其二是无限连续的曲折脉络。这两条脉络虽然都有所限定，却又通过相互间的沟通，而在建筑和形式上无限地伸展下去。依据相互离散、游离的处理手法，形成了贯穿这座博物馆的不连续的空间。这两条脉络是"犹太人博物馆"的特征，同时又是里伯斯金所特有的"二元对立，二律背反"的观点。柏林的痕迹，不仅仅是物理的，据说其中还真有说不清因果关系的根源，或者是既往性夹杂在里面。从德国人和犹太人的外在关系来观察，他下了这样的结论。他执著的追求曾对犹太人的传统和日耳曼文化做出贡献的作家、音乐家和艺术家们的生活踪迹，并将其模式化。

这是该博物馆所要表现的第一个内容。该建筑物共有四个隐喻情节，其二是根据作曲家阿诺德·施昂拜格未完成的歌剧"摩西和阿龙"的脚本而构成的。在此处，表现了由于歌的存在，而歌词不清，相反，歌不存在，而能帮助对歌词的理解的不合情理性。第三，在大屠杀年代被驱逐出柏林，在里加和乌奇的强制收容所中死亡人的名字和死亡地名。第四，是以瓦特·本杰明的"一侧通行路"形成的。沿着曲折形建筑，引入 60 个连续的断面，如此一览犹太人博物馆的话，正如街谈巷议所说，丹尼尔·里伯斯金充满晦涩的形而上学的思考，对我们一般人来说是难以接近的。

安藤忠雄的水御堂图（3-25）。安藤对空间中光线的运用炉火纯青，在水御堂的设计中他运用连续变换的光线效果，在序列空间中隐喻了一种叙事的效果。

水御堂地处兵库县淡路岛，是日本真言宗的分之寺院——本福寺的增筑和扩建。当人们经过一段长长的上山路，通过原先的庙宇就进入了一片与一组高 3m 的混凝土壁体融合在一体的"白沙之海"。对参拜者而言，白色具有纯化视网膜、澄清心中意念的作用。在这里，完全可以感受到一种如同伊势神社前白色的卵石小道和数寄屋茶庭小径

图 3-25　水御堂

那样的设计意图。当人们走过线性壁体的端部时，就看到了远处波光粼粼的大海，转过墙端，呈现在眼前的是一个巨大的、覆满绿荷的椭圆形水池。池中散布着星星点点的荷花，似乎暗示着佛的存在。然而，这时人们突然发现前进的通路消失了，因此，只能沿着荷池中间狭窄缝隙中的梯道向下走去，从白昼到黑暗，当人们的眼睛经过一段调适，就发现这个黑暗的缝隙中依稀有着天空的微弱蓝光。梯底端分为两条路，右边是一个感觉朦胧暧昧的接待室，而真正吸引人注意的是左边的以红色为色调基调的水御堂正厅。每当夕阳余晖从大厅西侧的御堂内障映入室内，大厅充溢着一片强烈的绛红色光线，人们瞬间感受到一种静寂神秘和超凡脱俗的深刻体验。

普拉默（H. Plunmer）在《日本建筑中的光》一文中曾对水御堂的用光给予高度评价。"水御堂中体验到的这种空间序列，并不仅仅意味着要达到一种内在精神，而且也通过一种色光的逐渐引导变化，最终给参拜者以理想境界的感受。这种礼仪化的行程实际上是神秘而迷茫的，它构成了一种精神上的探险，而这对于灵魂的洗礼是必要的。这一行程始于一纯化的白色通道，它使人们摆脱尘世，进入一个空灵的世界；接着，伴随着微弱的蓝色光线和逐渐加重的黑色，人们就进入到地面以下。在这里，最终出现了象征性的死亡和再生，我们和我们的世界沉没消亡在黑暗之中。而当我们突然看到一片强烈的、超自然的明媚红光时，瞬时死而复苏。"

四、诗与画中的居住

1. 美在居住中

人的一生几乎有二分之一至三分之二的时间会在居住中度过。在居住中感受美、传播美也就显得尤其重要。复杂的居住审美，最能唤起人们复杂的情感。居住在全息地反映着当代的城市精神。实用美学中几乎所有的内容——文艺美学、建筑美学、装饰美学、技术美学、社会美学和教育美学，等等，几乎全部在居住中有所表现。

人们对居住的审美有一个认识过程，这种认识的深度随着物质文明的发展而发展。当温饱问题尚未得到解决的时候，人们只要有一个遮风蔽雨之处就已能满足。这正是为什么一直到今天，当人们的收入和文化修养正在进入一个新的阶段时，审美的问题以及体验经济的学说，才日益受到重视的根本原因。今天人们对居住的要求已经超出了简单的自然分隔的目的。人们更需要在居住中体验精神修憩和身心享受。

居住的审美蕴涵在居住形成过程中的各个方面：

理念创想——居住生活不只是人们简单地对私密场所的寻求，而是对"诗意人生"的追求。

文化策划——居住文化的策划是在理念创想的指引下进行的对住区新生活方式及其审美理想的设计。

艺术构思——理念创想和文化策划主要通过艺术创作来实现并传达至人的感觉器官。

住区规划——住区规划是对艺术构思的语言和思想的罗织，并表达对自然的理解。

建筑设计——在住区的主体形态中，建筑物无疑是主体。建筑物的线条、体形和色彩构成最大的审美信息量。

景观设计——环境景观是住区中公共设施的视觉传递结构。

室内设计——精装修房已经成为城市住宅的趋势，住区审美的个性化表现主要通过室内设计和装修来实现的。

营销过程——营销实际上贯穿于居住的全过程，从策划开始而到居住生活而止。所以，必须让营销过程充满美感。

工艺效果——工程就是工艺过程，就是将策划和设计的审美付诸实际的过程，细节的实现主要体现在工艺过程中。

物业管理——真正的销售是在销售之后。物业管理是居住主要的售后服务，人性化的住区管理直接传递随时随地出现的服务的美感。

生活体验——居住的审美最终表现在人们对人居生活的体验——方便、舒适、享受和游戏，等等，都是审美的重要过程。

真正美好的居住应该具有以下的审美特质：

悦目——视觉传达的形态美感。

悦耳——听觉感知的语音美感。

悦心——心理品味的舒愉美感。

悦意——情趣经历的愿景美感。

悦神——精神享受的思维美感。

悦志——志趣体验的境界美感。

居住之美还存在以下规律：其一，审美是在不断变化和演进的。"未来总比现在更美。"审美是人复杂的高级精神活动，审美水准的变化与人的文化修养直接相关。其二，审美因人而异。不同人和人群的审美情趣和审美意识存在着不同程度的差异，正如每个人对服装和美食的欣赏和取舍有千差万别一样。其三，审美因地而异。地域文化对不同文化群落的审美观念有重要的影响，这与各地域的文化形成历史有关联。其四，审美效果与成本控制存在着一定的矛盾。对审美的追求往往会导致成本上升，应当利用好成本杠杆和设计构思来寻求平衡。其五，审美存在着民族文化与国际文化的矛盾。纯民族的或者纯国际的审美结果并不难，难的是在国际审美意念中表达民族精神。

苏格拉底和柏拉图都说过："美是难的。"当审美成为一种武器、成为一种手段、成为一种能力甚至成为一种策略乃至战略的时候，居住的竞争就在审美的竞争中变得更加壮美，居住者的生活也就变得更加优美。

正如审美从来就左右着人类文化的进步一样，审美也一直在左右着住宅和居住的进步。消费者因为居住之美而享受生活，建筑师因为居住之美而品味成果，发展商因为居住之美而收获效益，社会则因为居住之美而拥抱安宁。

审美在居住中的表现不仅是在美学欣赏方面的，更重要的是美能启真、美能扬善，对审美的追求就是对真、善、美的完整追求。社会的进步最终表现在文化、艺术和精神层面上的进步，而这种进步赋予居住以特别的使命，居住是审美进步史之不可替换的一种重要载体。

住宅是一种特别的长寿商品。贝聿铭曾说过："医生可以掩埋掉他的错误，可是建筑师要永远地陪伴他的错误。"审美追求是发展商、建筑师、消费者以及官员们的共同责任。艺术之美是鉴定生活的标准。美好的居住使人们从生活的重压之下和苦闷之中得以解脱。只有当审美成为大家的一种神圣自觉，居住和生活才会在真正意义上成为"人生之诗"，"诗意"的产生来自于美感的传递。

居住之美来自何方？人们关注到一个现象，那就是无论城市里群立的高楼或是郊野中遍布的别墅，真正称得上"美"的作品只占少数。谁都会知道美、承认美，也愿意去塑造美，然而的确"美是难的"。

居住之美来自自然。自然是先于人而存在的。自然的美也是人发现的。自然界中的曲线、律动、声响、色彩，等等，是让居住之美具有自然之美的本源因素。

居住之美来自艺术。艺术之美来自人的创作。建筑艺术家、园林艺术家们通过居住将他们对美的理解表达出来，使人们在艺术的氛围中感受到心灵的愉悦和精神的超越。

居住之美来自理想和激情。理想和激情使人产生追求、产生想象、产生责任、产生崇高。真正美好的居住是理想和激情的王国。

居住之美来自对细节的追求。细节是构成整体美感的细胞。细节的合理组合就是美。居住的美尤其需要对细节的把握。图画可以粗犷，而居住的工艺却来不得半点虚假。

矶崎新曾经批评过高楼数量已跃居世界首位的上海的建筑是"胆怯的"，北京人也曾经担忧过世界建筑师大会的成员们在北京开会时会有太多遗憾的发现。那么，我们如何去面对那些还远不如上海和北京的城市中那些建筑和那里的居住？

美学教育者王一川教授为我们描述了这样一个审美体验的"诗意空地"——"在理想层次上，我们不妨作如是观：在阴翳蔽日的密林中有这样一块空地。它充满清新的空气、明媚的阳光、洋溢着童真的诗意。你，迷途的孩子，无家可归的流浪者，茫无头绪的失意人，或者心满意足的成功者，只要踏进这块空地，你周身便立即溶入在诗意的光芒中。"理想的居住，应当是这样一块"诗意空地"。

雨果曾经说过："有用的东西是有用的，美的东西是美的，有用并且美的东西则是崇高的。"居住大概是最能深刻地感受和反映这句话影响的事物了。今天人们的居住再也不仅是为了居住本身，更是为了精神层面上的愉悦享受，而这种或者这些愉悦的源泉就是美的事物和人们对美的事物的认识。人，需要在欣赏各种感性美的形式中，获得感觉体验和内心世界充分而高昂的愉快。审美体验是对居住质量和生活品位的最高检核标准。人只有在艺术美的王国中才是真正自由的，居住因为有"美"相伴而不可思议。艺术不仅美化人的生活，而且美化人类。

2. 创造中国特色的"诗意栖居"

许多人在内心深处都在追求着有中国特色的现代人居，那就是在当代中国城市中营造"诗意人居"的理想家园——置中华诗画意蕴于现代生活去营造住区自然清音的氛围，从中国文化的经典意识中寻求人和环境景观、建筑的精神和谐互动而营造安居宜人、闲适自然、和睦亲近、具有文化归属感之住区。

（1）住区环境设计"妙造自然"

①住区环境的"中式符号"

说到中国特色的"诗意栖居"，不由得再次强调"自然"的意识，日本学者小尾郊一在《中国文学中的自然与自然观》一书中用详细的材料也说明了"中国人认为只有在自然中，才有安居之地；只有在自然中，才存在着真正的美"，这种民族的审美心理直接影响着建筑及环境的审美评价和营造。

回顾不远的过去，在中国传统的居住情境里，曾充满着意与境会的空间——南方的"天井"、北方的"四合院"、皇家的回廊抱厦、民间的草堂宅院，等等，都有邀自然入户、向山水悟道的经典人居。这是一个久远的传统，早自唐代王维有诗"明月松间照，清泉石上流"以来，"清溪、散石、松间、明月"已成为住居环境中的"中式符号"，从中衍生诸如"雨打芭蕉"的情绪，或者是"卧听秋雨"的诗意。从深层意义上讲，这里所谓"中式符号"就是追求住区环境艺术的返璞归真、闲适自然，并于其中获得特定的审美情感。

②"妙造自然"理念

与唐朝王维时代可以隐居山间林中不同，在现代城市里，城市尺度的扩大，使得一般住区难以方便地接触到山水花林等自然美景，或者住区开发基地里本身没有什么突出的自然环境特点，如此情况下，要达到自然的环境和自然的情趣，不妨"妙造自然"。

"妙造自然"本是中国诗学的一个提法，继而成为中国美学中关于艺术创作与自然审美关系的一个命题，它以"天人合一""心物交融"的独特视野看待艺术与自然的审美关系，认为艺术可以在巧妙人为的基础上，做到融于自然，强调艺术的生动气韵与自然万物的内在的同一性，并于其中注入艺术家独立而超越的主观创造精神。可以说，"妙造自然"蕴涵着丰富的美学意蕴，具有普遍的艺术创造原理的意义，堪称中国艺术理论的精髓。

这里从中国诗学和美学中借用"妙造自然"来表达一种虽由人作、宛若天成的艺术观点和技巧，表达住区环境设计中可以以自然之法为法，匠心独运，巧夺天工而妙造出自然的环境。"妙造自然"也表达了并非是一律拒绝人为加工，只是反对那种人工雕凿的造作，反对那种虚荣华丽的矫饰。

武汉"东湖林语"居住小区环境规划设计可称做到了"妙造自然"，它将区内车行交通沿小区内周边设置，中间全部步行化，这样使区内绿地空间达到最大化，理论上住宅楼之间的空地全部属于景观绿地，入户路也成了园林步道。景观营造达到"虽由人作，宛自天开"的中国传统评价标准，住户与"清溪、竹林、松间、明月"同在，居于屋内可享"晓月临窗近，天河入户低"的诗意，达成"可居、可游、可赏"的园居生活模式，也证明了优秀的住区环境设计其实要让人忘记了设计师的存在，一切还以为是原本就如此的天然样子。

③住区环境"妙造自然"的要义

首先，巧妙仔细地考察基地本身的自然状态与原本特征，这些特征包括借势依形和借景等，尽量有机地组织和利用使之成为未来住区环境营造的重要部分，这样做既是尊重自然的表现，又能在住区环境营造上减少投资而事半功倍。

第二，环境的营造秉持自然之法。即如明代陈继儒说的："居山有四法，树无行次，石无位置，居无宏肆，心无机事，"是讲居住环境中树不要种成呆板的行列式，石头也不要放得规整，居住环境尽可能不着人为痕迹，以一切表现自然为好，大量使用的欧式绿篱修剪造型等其实不宜用在住区环境设计中；与之相应的是居室不必富丽堂皇，最终人心淡漠世俗利害得失而获得人性"本真"的心态，这也正合现代哲学家海德格尔所提倡的回归人的本真存在，即海德格尔所称"诗意栖居"的内涵所在。

第三，当代住区环境营造须有强烈的生态意识，而不仅仅是从视觉上的炫耀出发。这其中包括需要消除目前环境设计上的一些误区，例如过多的行车道路分割绿地、大的硬铺装挤占绿地；又如盲目使用"中看小中用"的大面积单一草坪，尽量多一些乔木、灌木和草坪组成的复合绿化结构，这样不但景观自然与丰富，并且生态效益更好。有数据表明，生态效益从大到小的顺序是："乔灌草复合型群落""灌草型群落""单一草坪""裸地"；还有诸如前面说过的欧式绿篱修剪造型等也是与生态观背离的，生态观讲究自然自组织、自维护，少一点使用人工，那些大量靠人工维护、靠人工耗能维持的修剪绿篱等应该被摒弃。

④"妙造自然"中显现中国文化特色

通过住区环境的"妙造自然"，住户拥有了与大自然的沟通空间、人与人交往的场所、赏心悦目的景观环境和恬静平和的居住氛围，使小区住民有了远离尘嚣、返璞归真的一席天地，此时住区不仅是一个供以生存的空间，而且是一个具有审美价值的空间，体现着中国传统的"智者乐水，仁者乐山"的审美文化精神。

住区环境的"妙造自然"其实就是在营造"诗境空间"，符合"诗境空间"营造的一切目标和准则，其中包括注入中国传统诗学精神。在传统住区环境营造中，与环境息息相通的中国传统诗学精神是内心深处的指引，依此所做住区环境，不但有良好的生态效益，也有清新的诗意文化气质——杆杆青竹、丛丛花草、粉墙片石，堆叠出国画般的诗意自然，就像画中的晕染，空灵俊秀，挥洒着无穷美妙的意境。从实际结果上看，传统住区环境早就传达了这种指引的方式，其中既有"霎生梁栋间，风出窗户里"和"画栋朝飞南浦云，珠帘暮卷西山雨"这样的大居住环境格局，也有能体会"移竹当窗，分梨为院""虚阁荫桐，清池涵月"这样的小庭院之美，今天仍然可以指引我们构成当代住区的"诗意栖居"。

与中国传统诗学精神相应的文化审美心理是自然含蓄、空灵飘逸、起落有度，把山水赋予"中和"之美的特征加以推崇，是谓乐而不狂、忧而不怨，故创造中国特色的现代"诗意栖居"应该继承这种追求和平宁静、淡泊含蓄的气质，自然雅致而不造作矫情，在这种虽由人作的住区人工环境中推崇真情自然的表现情形，继而在有自然趣味的环境中修身养性、乐心畅神和审美悟道。

第四章　现代篇

一、拒绝遗忘

　　过去的生活对于我们究竟意味着什么？为什么现代的人们越来越怀念曾经简单质朴的生活？就如同某卫视的一档真人秀节目，名为《向往的生活》，内容并不是带领嘉宾去体验和享受奢华的生活，而是选择了北京城郊的一处居民院落，由三位主持人一起守拙归园田，种菜采摘，喂养鸡羊，为观众带来的是一幅自力更生、自给自足、温情待客、完美生态的画面。节目播出后，民居"蘑菇屋"周围的土地上种满了玉米、向日葵、豆角、辣椒等农作物和五颜六色的鲜花。还有一只小狗，名唤"小H"在院子里欢脱着跑跳，时而聊骚一下鸡笼里的"小花"和"小黄"。而离房子不远处，就是俊朗的山峰和潺潺的溪流。这些都给观众带来了一缕清风，激发起了人们对田园生活的向往。因此，看似越来越便利的现代生活为什么越来越难以满足人们的精神需求，以往的生活模式是否该被遗忘和抛弃？这里将通过几位大师的建筑案例试做探讨。

（一）王澍——垂直院宅

1. 王澍本人及其观念

　　王澍曾先后毕业于中国两所著名的建筑系院校，分别为东南大学建筑系和同济大学建筑系，取得了硕士学位和博士学位，从一般意义上说可以顺利成为一名具有现代主义思想的建筑师，但对于王澍来说却没有这样选择自己的从业方向，不同于国内的大多数崇尚现代技术和西方思潮影响的建筑师们，王澍选择了一条根植于传统文化，着眼于中国本土特色的建筑营造哲学，潜心研究中国地域特色的建筑营造手法，在中国这样一个浮躁的大兴土木的时代背景下坚持着自己的信念和理想。十几年来，在他的业余工作室里并没有繁忙的景象，也没有众多的建筑作品产生，对于王澍来说，他认为自己做的是慢建筑，也许一年才诞生一个小住宅，他更喜欢去钻研和琢磨建筑的营造方式。

（1）文化观

作为中国新锐建筑师代表，王澍的建筑理念不同于其他新锐建筑师，比如张永和，他将概念设计引入中国，这同他的赴美求学经历有关，从国外带回来了先进的工作方式和设计手法；比如刘家琨的建筑设计手法，王澍评论刘家琨的建筑设计手法更强调图纸、模型的推敲。但对于王澍来说建筑的营造更加富有生活化，对于他来说，施工现场的工匠师傅们更会给他带来灵感，感受一个建筑的场所更在于建筑基于的环境，环境所处的历史场所和自然场所对于王澍来说是历史和现实的交汇点，在感受前人带来的历史感受和现实环境的个人解读也许是王澍的出发点，对于他来说，建筑的轮廓在他感受场所的那一刻就已经产生了，比如他设计的中国美院象山校区方案，建筑的营造更多体现了历史文脉和环境场所，建筑的屋顶同远处的山形相近，白墙灰瓦下映衬出江南聚落的历史景象，在杭州这样一个城市化快速发展的区域，中国的城镇结构非常模糊几近崩溃，如何将找回失落的城市记忆，找回曾经的城市文脉，这正是王澍思考的出发点，也正是基于这一观点，使得宁波博物馆得以延续这一场所精神。

王澍认为杭州是一个文人气息浓厚的地方，自古就是文人造园盛行的地方，他对于古人的造园手法也颇有研究，在他的建筑中也能感受到，比如他在上海世博会建造的宁波滕头案例馆当中就运用了"小中见大"的造园手法，他在墙体上凿开了大小不一的洞窗，通过不同的墙体高差错位将建筑的视线设计得精巧有趣，身临其中能感受到江南园林的空间意想，不能不说王澍隐隐地将人们的空间感受带回到江南园林的传统生活方式中。

（2）环境观

场地对于建筑师的一般意义更多是从功能入手，在合理的退界之后，选择合理的出入口，在指标的控制之下进行建筑的功能形体设计，对于大多数建筑师来说这是再合理不过的套路了，建筑更多是满足业主的要求，再多一些空间留给建筑师的，也不过是在建筑的造型上再加一个类似山花的装饰，建筑更多的是一个被使用的盒子，对于建筑的场所和所处的历史环境来说，往往很少被注意到，因此对于出现琳琅满目的商品建筑，除了炫耀一身华丽的外衣和姿态以外，没有自己的归属和文化特性，很难让人亲近和认同，这是一种失败的环境策略。当人们对于自己生活的城市越来越陌生的时候，不能不说这是整个城市文化的消失和没落，从内心失去了自我的文化认同感，从某种意义上说也是一个民族的悲剧，这也是中国的建筑师应该反思的，在这一点上王澍走在了同行的前列，给了我们些许思考。

建筑融入环境，体现城市的文化走向，肯定自身的文化根基，就要从城市的文化源头开始，找回快要消失的文化碎片，挖掘整理。十几年间王澍出没于江南的大街小巷，追踪于民间工匠的传统营造足迹，记录着点点滴滴，他考察的不仅仅是传统的营造技术，还有传统的生活状态，从那些黑瓦、青砖、竹胶板、竹坯子、沙石灰里寻找文化根源性的东西。

中国美院象山校区的出现，重新阐释了当代建筑融入环境，尊重文脉的理念，白墙灰瓦，绵延起伏的屋顶，竹窗游廊，烟雨蒙蒙中，建筑场景化为生活的一部分，建筑融入了历史生活，不再成为环境的主宰，而是成为环境的一部分。农田、鱼塘作为校区的一部分，传统的生活方式被保留了下来，不仅再现了江南的传统聚落，也再现了这里过去和现在赖以生存的鱼米文化，不能不说，王澍是一个有历史责任感的建筑师。

（3）技术观

王澍的建筑作品中，很少能看到大片的玻璃幕和钢结构技术，更多的是不被大多数建筑师利用的青砖、灰瓦和竹片，朴素大方，在当今这样一个能源大肆浪费的社会背景下，建筑师的思路对于城市的作用是一个风向标，如何回应这样一个节能、可持续的世界话题，需要建筑师思考，王澍的建筑材料更多来自于拆迁现场的回收利用，在他做象山校区时，后期的六万片灰瓦来自于拆迁的建筑中，走廊的栏杆和百叶窗来自当地盛产的竹片，建筑的营造并没有出现大量的钢结构，更多是经济的混凝土技术；在其设计的宁波历史博物馆中，建筑的材料来自于就地拆除的废旧建筑中，就地取材，变废为宝，回收利用，不能不说王澍的建筑更加符合时代的要求。

（4）教育观

作为中国美院的建筑艺术系的系主任，他对于自己的学生并没有像传统工科院校的教育一样，对学生灌输套路式的设计课程，而更多的是将设计作为学生日常生活的一部分，在潜移默化中让学生去领悟理解，自然学成，就像传统的师徒关系一样，师傅什么也不教，只是让徒弟去看，自己去领悟，用自己的亲身体验去学习；在保留了学生个性的同时，也教会了学生去观察思考，用自己对于生活的理解去营造，真正的建筑设计过程也不过如此，对于现在传统的建筑教育也是一个正面的榜样。

中国城市化发展的今天，建筑师的责任不再是建造漂亮的房子，更重要的延续中国本土固有的民族文化，传统文化的认同是如此的重要和有意义，它不仅仅在于建筑学的意义，更在于对中国几千年延续下来的生活方式和价值观的保护，王澍教授对于中国传统文化的传承起到了示范性作用。

2. 垂直院宅——钱江时代高层住宅群

"钱江时代"（图4-1）是由建筑师王澍设计的位于杭州东南部钱塘江畔的一个住宅小区，基地为不规则条状，呈东西走向，东西向最长处355m，南北向最宽处160m，基地面积为31941平方米。项目总建筑面积约15万平方米，由6幢近100m高的集合住宅组成，2座板式，4座25-28层的点式，结构宛如编织的竹席。

图 4-1　垂直院宅——钱江时代高层住宅

　　设计理念：项目独特的地理位置给了建筑新的定义。钱塘江和过江大桥都是城市的标志，因此，"钱江时代"在设计师打造新庭院的理念下展示出了极其相同的形象与尺度。与普通高层住宅的外观相比，给人印象最深刻的应该是其在水平方向上的延伸。这既是形成公共庭院的必然，又与过江大桥相呼应，与城市相融合。同时，设计师希望为住户提供"脚踏实地"的感觉，无论你住在几层，你也能在家里看见窗外的树，使人能够真实地亲近大地。而当你站在楼下，通过每个花园里的树木就能认出自己的家，你家有桂花，我家有玉兰，这才是中国人传统里对家庭、对庭院的辨别。当然，王澍对于庭院的打造绝非所谓空中花园，不是简单地在走廊里栽上几棵树，种上几株花，新鲜劲儿一过，便没人去打理关心，成为虚设。他所尝试的，是以邻里关系为基础，以传统庭院为目标，使其真正能够融入人们生活。

　　（1）"钱江时代"中的传统元素

　　①院落（图 4-2）："钱江时代"清晰呈现出竖向尺度上的盒子叠加的意象，它以一个 3m×7.2m 的大开间，两层高的"盒子"为基本构造单位，居住 2—6 户。这些"盒子"通过咬合、穿插形成的簇群极具城市意味，使传统民居中的院落以新的形态——垂直院落出现在现代住宅建筑中，使传统院落由平面转化成了立面形象。垂直院落的

图4-2　板式楼的空中垂直院落

三维立体形式使得其立面层次更加丰富，顶部遮挡有阴影，私密性良好，且具有视野开阔、采光通风良好、干燥卫生少蚊虫的特点，并且保留了传统院落最基本的生活感受——安全感、舒适感、群体感。"钱江时代"小区除一层住户拥有小型私家花园外，所有住户均可共享一块公共交往空间，以期重建邻里关系，并为老人、儿童、残疾人等社会群体提供在高层住宅中缺乏的活动与游戏空间。传统的院落形式及其作为情感联系的空间功能得以在现代高层住宅建筑中重现。

　　"盒子"意向分析：两层高的单元空间处理，使建筑可以实现较大进深，同时满足均衡的南向日照和通风。双层"盒子"扭转的作用主要体现在：第一，增加景观视野的多样性；第二，增加各住户单元间的交流；第三，扭转后上部分单元增加了下部分单元的遮挡面积，使建筑外立面采用大量的落地玻璃成为可能；第四，扭转后上部分单元增加了下部分单元的遮挡面积，使建筑外立面采用大量的落地玻璃成为可能。

　　②"吊脚楼"意象：如今，随着小高层、高层的出现，架空层住宅也越来越多。架空层的空间通过引入绿化、小品、休憩空间等，将室外景观引入建筑内，形成特殊的"灰空间"，联系了室内外。"钱江时代"住宅组团底层均设6米高架空层，将条状住宅区域北面8米高的绿化带和南面4米高的绿化带引入住区内部，模糊了室内外的界

定，也使得小区气流贯通，更使狭窄地块相对变大。

③漏窗：阳光、风、视觉、雨雾等因素的互相渗透是江南建筑的基本特征。建筑的"盒院"群使绵延100多米的建筑如同一大扇江南园林中的漏窗，毫无堵塞之感，并在总体建筑的简洁粗犷中增添了几分敏感与细腻。底层架空处理更使狭窄地块相对变大，视觉流通而舒畅。

④色彩："钱江时代"以白色和青灰色为主色调。以白色替换传统建筑中的白粉墙，以青灰色混凝土砌块替换青瓦，间以绿色喷塑铝合金特制型材和钢材替换木构，配以大尺幅的透明白玻璃和U形玻璃。这些基本元素决定了每个盒子的色彩，也决定了整个建筑的材料、色彩的使用种类与规则，完成了从传统到现代在建筑语言上的全面转换，但城市的文化记忆并未丢失。

对传统元素浅层次的运用以及深层次的抽象运用，使得"钱江时代"充满了传统印记，宛如一座江南城镇的局部水平切片被直接竖立起来。整个立面似断又连，使得住户的场所体验得以加强，重新确定住宅与土地的关联。

（2）景观视线分析

所处的地理位置以及独特的双层"盒子"设计使得"钱江时代"拥有五重景观。

所谓的空中景观就是入户花园和6米挑高的空中庭院。从钱江时代的建筑外立面看，每个标准层中构造出高层住宅罕有的公共交往空间。这些入户花园在交付时就被种上各式各样的绿化植被，某些楼层的住户可以直接从家里通往这些入户花园，茶余饭后多了一处和自然亲近的居所，十分惬意。

（3）平面分析

户型设计与长方形地块相呼应，也都采用大面宽、短进深的长方形临江户型，并具有"五明"的空间设计，使住宅能更好地采光、通风，并拥有更多的江景。住宅全部明厨，并在相当比例上实现了明卫。这个构造单位也在住宅和城市之间建立起一个过渡性的中间尺度，为家确立起最基本的场所归属感。增加的阳台面积，不仅增加了一个观景和生活平台，也增强了邻里之间的交流。以交通核为中心组织，在同一平面内将四个户型组织起来，增强了邻里之间的交流，每一户无论住在什么高度，都有前院后院，每个院子都有茂盛的植物。

（4）总结

在"钱江时代"，包括王澍其他作品，我们都能看到中国传统的影子，材料、符号抑或尺度，等等。也能看出其中反映出中国传统的建筑与环境的关系以及与行为的互动。

"钱江时代"用居住建筑时时刻刻提醒着我们不能遗忘传统，即使是简洁的设计手法，现代的建筑材料，仍然可以将中国传统文化与现代建筑融会贯通，江南的院落不再是遥远的梦，通过巧妙的设计，双层盒子的独特结构，在高层住宅实现合院住宅的独特空间结构以及空中庭院、绿化花池等公共活动空间。人们可以在钢筋水泥中触摸花草，闻到泥土的芬芳，听见窗外雨打树叶的声音，整栋住宅在传统文化中充满着绿色的生命力。同时，该项目使用大量高科技环保材料，设计师重视和提倡绿色，对于自然，不仅仅是真实的植物这么简单，对于现代的高层建筑，更多的绿色，更多的环保来自用可持续的意识渗透建筑科技，用更多的环保、可持续、可降解材料去实实在在地支撑起人们的生活，乃至整个社会的未来。

"钱江时代"带给我们的是一个堆叠穿插起来的江南民居院落，但是层层叠叠的阳台却在后期的实际使用中带来了不方便，但是正如设计师本人所说："中国的实验建筑活动如果不在城市中最大的建设活动——住宅中展开实践，那么它将是自恋而且苍白的。"即使如此，我们仍然应当正视"钱江时代"的意义。这个项目带来的已经不是普通住宅项目简单的居住功能，它更多的是一种实验，在实实在在地探讨中国式的居住模式和居住理想，设计师体现的是对传统居住和土地的一种眷恋，希望在城市中创造田园的未来。

在车水马龙旁，在钢筋水泥里，在满眼霓虹中，"钱江时代"用过去与未来的结合为人们创造了一份都市田园生活。居于其中，远离喧嚣，清净悠远，而其实，繁华就在窗外。

（二）梁志天——上海九间堂

梁志天是当代香港十大顶尖设计师之一，他学建筑出身，尽管从未进行过专业的室内设计训练，但凭着扎实的空间设计功底，其设计作品遍布亚洲各地，其简约中透着浓浓传统文化的设计风格也深受人们的喜爱与推崇。

1.梁志天设计风格

如果要对梁志天的设计风格进行总结，很难用几句话阐释清楚。他的设计能够赋予空间全新而丰富的视觉感受和深厚的文化体验。

有时，梁志天的空间设计充满着前瞻性与科技感，线条简洁，色调或明快或对比，工业感十足的现代材料配合光线，使得空间宽敞干净。精致的玻璃制品，光洁的石材，明亮的镜面，配合舒适柔软的家具，既对比强烈又不落俗套，帅气十足。有时，梁志天的空间设计仿佛四季变换，春夏秋冬都能成为他的设计主题。朴素的色彩，自然的材质，设计师用一颗平静的心去看待空间，看待生活，一切看似平淡，又满含生命的活力，给予现代人一个心灵休憩的恬静家园。有时，梁志天的空间设计大气磅礴，传统在空间里化作无形的气息，东方的雍容与浪漫完美融合，深红色的家具，简化的传统灯具与摆件，使得整个空间具备了极高的文化底蕴，凸显了主人的气质品味。有时，梁志天的空间设计仿佛春风十里，大自然的阳光、空气和树木如同就在身旁，一抹抹碧青配合着亲切的原木色，浓妆淡抹总相宜。整个室内洋溢着自然的神采。有时，梁志天的空间设计能让你沉思静神。简化到极致的空间内涵，极度素雅的色彩，带来的是使人放松的禅意空间。

总之，他以对空间的敏感，对材料的熟识，对传统文化的热爱，带给我们的是一个个充满着文化内涵的室内空间。下面，将以梁志天所做上海九间堂别墅为例，试探讨现代高档居住空间中的传统意蕴表达。

2. 上海九间堂

九间堂，位于上海联洋社区的北面、世纪公园的东面，地段优势非常明显。超低密度平层社区，三开三进九间堂。49幢别墅分布在河道两侧，以达到户户临水的效果。罕见的平面一层设计。

九间堂别墅项目位于浦东世纪公园东侧，南临张家浜河，北倚锦绣路，西靠芳甸路，占地10.8公顷。作为一个高档纯独立式别墅社区，"九间堂别墅区"以现代中式园林大宅为建筑特色，由一期22幢独栋别墅及二期27幢独栋别墅组成，每幢单位面积为600多平方米至1200多平方米，另外还包括了一座面积达2000平方米的大型会所。房型设计再现了"庭院深深"中的中式建筑传统和建筑意向。其中每套别墅户均占地3亩，四周以3.5米高墙围拢，有效地保证了业主的私密性。房型设计层次分明、动静分离。

九间堂从名称的来源上就已经充分体现出我国建筑的传统文化。九间是指"三开三进，谓之九间"，这是描述中式传统建筑格局的最精炼语言之一，同时这一空间布局因"三"与"九"的数字概念变得具有韵律的形式感和传统儒家循序渐进的意味。中式庭院的设计无论是布局、植物配置还是色彩、建筑构件，都与传统私家园林的精髓一致，曲径通幽，庭院深深是其最好的解释。廊道、庭院、挑檐、水榭一一登场，整个庭院似隔非隔，似透非透，院内院外又相互呼应，好一派私家园林的景象。在保留传统的基础上，现代工艺也展示出了其优势。如原木遮阳系统、以铝合金构成最大顶层的虚屋顶、现代式样的门窗都与传统元素和谐地存在着。

（1）九间堂开发背景分析

别墅，我国古称别业、别馆，历代也留下了一些著名的别墅，如唐代王维的辋川别业、北京的勺园，等等。到了现代，西方的优秀别墅建筑就更多，如大家熟知的赖特的流水别墅、柯布西耶的萨伏伊别墅，等等。在我国，目前，别墅作为一种改善型住宅，被誉为住宅建筑的贵族，已经打破了前些年欧式风格一统天下的格局，风格形式越来越丰富多样。建筑与社会的经济文化密不可分，它比起其他艺术形式更能够折射出特定时代的时代背景。

上海，作为中国最前沿的城市之一，在 19 世纪就已经广泛地融入了诸多西方的建筑及其元素。而到了 20 世纪七八十年代，在别墅的设计上，"西化"和"怀旧"又渐渐成为主调。一方面，西方的建筑形式被大量运用在上海的别墅设计中，哥特的尖顶、罗马的拱券、希腊的柱式都一股脑儿地出现，"拿来主义"成风。这种生搬硬套的结果就是不伦不类，必然不能长久。另一方面，上海有引以为傲的"万国建筑群"和数不清的老式花园洋房，而"怀旧"风则是对这些繁荣和辉煌的怀念。一些老式的花园洋房曾一度售价上千万。

随着时代的发展，中国的经济成为世界经济的发电机，上海也成为中国最著名的现代化世界级大都市。人民自信感的增强，文化意识也逐渐恢复自主。原来一味学习西方的别墅设计渐渐因人们找不到心理上的认同而淡出设计领域。随之复苏的是对我国传统建筑的思考，尤其是传统民居和古典园林。带有传统中国建筑元素和韵味的别墅开始出现在各大高档别墅楼盘里，成为社会精英和成功人士的新选择。九间堂别墅大宅以其浓厚的"中式意境"和"现代感受"，成为别墅住宅中的优秀代表。

梁思成先生曾在《中国建筑史》中说道：我没有传统习惯和趣味，家庭组织、生活程度、工作、游憩以及烹饪、缝纫、室内的书画陈设、室外的庭院花木……这一切表象的总表现曾是我们的建筑，我们不必削足适履，将生活来将就欧美的部署……我们要创造适合于自己的建筑。这也就意味着我们有自己的居住理念，必然应当设计出适合我们的居住形式。几千年来，中国的儒家思想在深深影响着我们，以家庭、家族为单元的文化根基根深蒂固地生长在每个中国人的心中。现代的生活需要与被传承者的文化相结合，现代的生活机能需要与传统的空间意味相结合，现代建筑技术、材料需要与传统的建筑形式相结合。因此，中式风格的别墅设计是现代人居住空间的必然之选，对传统庭院的发展与继承是中式风格别墅设计的必然之选。梁志天在九间堂的室内设计上充分体现了这种结合与必然，成为中式风格别墅的优秀代表，取得了良好的社会认同。

（2）九间堂项目定位

①现代中式的产品定位。现代中式是九间堂的原创性定位：用钢骨结构和混凝土框架结构对木结构进行更新；用大面积连续玻璃幕墙替换木排门、木连门、折叠屏风；对包括马头墙、山墙、垂花门、游廊、瓦当等具有象征意义和实用功能的传统建筑细节进行演变；通过半通透型院墙和篱笆与外景呼应，形成类似沧浪亭式的虚实衬托；为每一套客房专设庭院，保证主客双方私密区间。这些传统中式的审美需求在九间堂得到淋漓尽致的发挥。

②消费群体定位。喜欢中国文化的超级富豪，他们首先注重的往往是产品的本质，而非价格。

③项目的核心价值体系。九间堂项目的核心价值体系体现在以下几个方面：

第一，原创性。如今遍地"欧美风情"，然而东西方文化生活存在巨大差异，别墅作为生活的载体，"西学东渐"并不一定适应中国人的需求，九间堂反其道而行之，聚集东方设计大师，开创现代中式别墅先河。

第二，适用性。不仅适用于中国家庭族群化的生活方式，而且适用于中国传统居住方式蕴涵着的文化内涵。

第三，民族性。现代中式别墅是中华民族复兴运动背景下，在建筑、房地产行业的表征，它强调了作为居住的主体——"人"的第一性，是一种对东方式的古代文明中人性关怀的复兴，并在对传统的扬弃中赋予它现代的社会价值和人文价值。开创先河，无疑是具有标志性的壮举。

（3）九间堂项目开发策略

九间堂别墅的现代中式风格，简洁明快，以中式建筑符号作为母题，白墙灰屋顶为主色调，建筑前后进退有序，天际线高低错落，以现代的手法演绎中国传统住宅的精髓。在建筑设计中继承了中式建筑的理念精髓。

①天人合一的设计核心理念。九间堂别墅中式建筑讲求的是人与自然的协调统一，园林建筑作为艺术强调意境，园林中的山水植

图 4-3　九间堂室内

物，各种建筑和它们所组成的空间不仅是一种物质环境，而且是一种精神环境，一种能给予人们思想感悟的环境。九间堂别墅精妙的布局更让人、宅与自然合一。中式园林建筑按照不同的功能需要，穿插安置不同形式的厅堂、楼阁、亭榭。建筑物之间用曲折的小径、蜿蜒的游廊连接。沿着这些弯曲的道路或廊，巧妙地创造出具有不同景观的景点，它们或者是古木一棵，翠竹一丛，或移景或借景，安置得宜，一路走过，步移景异，在有限的范围里，扩大了自然空间。（图 4-3）

②打造产品内在气质。九间堂项目聚集了来自中国大陆、香港、台湾及日本的多位国际顶尖建筑大师，通过不同视角演绎"现代中式园林大宅"。九间堂对中国古典建筑文明研究，从"居无竹而俗"，到"天地玄黄，宇宙洪荒"，从"君子择邻"到"智者乐水"，从"天圆地方"到"小桥流水有人家"，从华夏民族五千年文明中提炼出精粹的建筑文化，构筑在象征了中国现代文明的浦东陆家嘴金融中心的偏侧，有其深层的内涵，而不是简单的外表的浮华。另外，为了达到不可复制的特性，以增加其收藏和增值的价值，九间堂汇聚了一大批海内建筑学和园林学的大师级精英，其中这些设计师包括：二十年来香港最成功建筑师之一的严迅奇，他是半岛酒店、香港新机场、花期银行大厦的创建者；开始寻找表现主义建筑潜在的东方内涵的矶崎新，是日本 20 世纪 60 年代"新陈代谢"和 80 年代"后现代"建筑运动发起人，正因为九间堂不仅仅满足了置业、投资的简单要求，更进一

图4-4　九间堂室外

步在文化和艺术性上达到了前所未有的高度，才能在今年的上海别墅市场上，吸引了真正鉴赏家的眼球，开创了收藏中式园林大宅别墅的第一典范。（图4-4）

③中式建筑理念精髓的建筑设计。原创、相地、择师、布局、筑园、礼客、静思、藏珍、管家……现代中式，大宅九道作为这一项目的建筑文化内涵，无疑对上海的别墅规划设计和布局，提供了一条崭新的思路。对于本次中式建筑的现代化工程，"九间堂"，承袭中国传统园林大宅的建筑意象，从建筑布局、材料应用和内庭式园林在内的三大中式要素中，都进行了自我的创新。

第一，文化礼制和时代精神相结合。中式建筑物强调全面系统地呵护着所居的族群和家庭，从自然到超越自然的信仰各个层面。因此，作为中式大宅，九间堂强调的是精神内涵——德威并举的礼孝文化。但在尝试开发有中国传统空间意境的住宅的同时，并没有停留在对传统作简单保留和复制"老古董"上面，九间堂将传统文化和时代精神相结合。因此，"扬弃"成为设计最难把握的名词。九间堂做到了有取舍的继承传统，理解中式宅院的精华，保留其中符合时代精神的地方，摒弃不合时宜的封建糟粕，在传承中有创新。例如，其认为"空间"的组织方式是中国传统住宅的特长，空间的共享、层次、虚实、渗透等丰富的语言运用到了炉火纯青，但同时传统空间中也有封闭、森严、低效、呆板等不好的方面。所以开发商尊重传统，把传统

图 4-5 九间堂

所包含的永远富有生命力的东西区别出来。

第二，九间堂采用全院式空间布局，也是中式建筑的一大特色。一是向里看的空间布局，从空间上讲，国外的房子处于空间中央，是"向外看"的，而九间堂住宅中，房子在周围，空间是通过建筑物围合而成，是"向里看"的，有些住宅中心设有天井，人对其所处的土地、空间有强烈的归属感。这也与中国五千年前形成的农耕文化息息相关；九间堂的建筑主要是在平面上延伸，从单栋房屋来看，多为长方形。简单规整，但各司其职，由院墙围合而成一个空间功能丰富的建筑群。

第三，创新建筑布局。九间堂别墅重新分配建筑空间关系，依照现代家庭结构重新梳理空间与人的关系，进行了发展与创新。一是依据现代家庭对外关系状况，重新分析家庭对外关系，主客有别，丰富住宅功能动线；二是为适应现今家庭土地利用需要，对单轴对称的多进建筑布局进行改革，再现"庭院深深深几许"的传统建筑意象。（图 4-5）

第四，内庭院林的创新。九间堂的中式园林多为私院。在自己生活居地经营起具有山水之美的小环境。"虽由人作，宛自天成"，住房要隐蔽，读书处求宁静，待客厅堂需方便，而游乐区域又讲求自然山水之趣。首先，是以内庭园林为中心分散式展开，这种相对封闭的内院结构主要是由传统中国家庭组织的封闭性所决定。到今天为止，中国家庭的成员结构和对外关系已发生很大变化，传统家庭集会功用庭院则向休闲型和会客型功能转向。其次，改封闭式内园为半封闭式，通过半通透型院墙和篱笆与院外园景相呼应，形成类似沧浪亭式的虚实、内外互相衬托的庭院构成。

第五，材料应用和建筑细节的创新。九间堂的出现并不意外，中式别墅的风潮已回归了好几年，对传统与现代融合的探索更尝试了百多年。九间堂的好与坏，依旧是仁者见仁的问题。但至少这份体验与追求的过程远比结果来得更为重要，在中式建筑现代化历程上，九间堂或许仅仅是其中迈出的一小步，只有对中国传统文化有良好继承和发扬的项目才能真正走向世界，欧美人士来参观九间堂时所流露出的喜爱和惊羡生动地证明了这一点，也证明了中国文化的不朽魅力。所以，民族的才是世界的，永远不会过时。

二、拒绝陈旧

（一）苏州博物馆——贝聿铭封刀之作

1. 贝聿铭简介及其设计理念

著名的美籍华裔建筑师贝聿铭先生生在中国，长在中国，18岁赴美国求学，1958年成立贝氏建筑事务所，1983年"普利策"建筑奖获得者。由于这种特定的经历，贝聿铭兼收并蓄了中国儒家特有的庄重老成与美国所赋予的摆脱历史重荷解放自己的创新意识。贝先生曾经感慨道："中国就在我血统里面，不管到哪里生活，我的根还是中国的根。我至今能说一口流利的普通话，平时的衣着打扮，家庭布置与生活习惯，依然保持着中国的传统特色。越是民族的，越是世界的。当然美国新的东西我也了解，中美两方面的文化在我这儿并没有矛盾冲突。我在文化缝隙中活得自在自得，在学习西方新观念的同时，不放弃本身丰富的传统。在作品中我极力追求光线、透明、形状，反对借助过度的装饰或历史的陈词滥调，去创造出独特设计。"

建筑界人士普遍认为贝聿铭的建筑设计有三个特色：一是建筑造型与所处环境自然融化。二是空间处理独具匠心。三是建筑材料考究和建筑内部设计精巧。另外中国传统的建筑艺术也在贝聿铭的心中留有极其深刻的印象。苏州庭园的长廊曲径、假山水榭，尤其是建筑屋宇与周围自然景观相辅相成的格局，以及光影美学的运用，在他数十年的建筑设计生涯中都有迹可寻。

贝聿铭反复运用几何形的手法众所周知，他追求精致、洗炼的造型达到极致。而这次，由于美术馆在构造上的特殊要求，为了能展示一些特定的美术品，必须在内部设计一些专门的空间。比如，为在南亚美术画廊展示的，公元 2 世纪后叶巴基斯坦的犍陀罗雕刻的顶部，专门设计了天窗。从上面撒下的光线，极具神秘感。不只是建筑本身，其他如对美术品的安放、收藏环境等，贝聿铭都下了相当的功夫，最突出的事例是展示和收藏间的空调系统设计。在展示间没有直接的空调，而是在它的周围加以设置，目的是保护珍贵的美术品。这一新的设想是，让具有理想温度的空气渗透到展示空间中来，而内部的空气不对流，把对美术品的影响控制在最小的范围之内。收藏品仓库中也采取了同样的措施。而展示室的照明，取消了对展品有害的发热光源，用最近几年开发出来的光纤维材料作照明。

2. 作品分析——苏州博物馆

由著名建筑大师贝聿铭设计的苏州博物馆新馆（图 4-6）位于苏州古城北部历史保护街区，与拙政园和太平天国忠王府毗邻，设计占地面积 15000 平方米，包括拆迁在内，总投资 3.38 亿元。设计完工后的博物馆将收藏这个有着 2500 年历史的苏州城的宝物，建筑不仅弥补了古物无收藏之地之苦，同时也成为苏州著名的传统而不失现代

图4-6 苏州博物馆新馆

感的建筑。博物馆包括一个占地 7000 平方米的展览馆，一个容纳 200
个座位的礼堂，一个古物商店，行政办公室以及文献资料图书馆和研
究中心，另外还有一个空间用作储藏，以及一些中国园林。

（1）设计风格

博物馆新馆的设计结合了传统的苏州建筑风格，把博物馆置于院
落之间，使建筑物与其周围环境相协调。博物馆的主庭院等于是北面
拙政园建筑风格的延伸和现代版的诠释。

新的博物馆庭院，较小的展区，以及行政管理区的庭院在造景设
计上摆脱了传统的风景园林设计思路。而新的设计思路是为每个花园
寻求新的导向和主题，把传统园林风景设计的精髓不断挖掘提炼并形
成未来中国园林建筑发展的方向。

尽管白色粉墙将成为博物馆新馆的主色调，以此把该建筑与苏州
传统的城市肌理融合在一起，但是，那些到处可见的千篇一律的灰色
小青瓦坡顶和窗框将被灰色的花岗岩所取代，以追求更好的统一色彩
和纹理。博物馆屋顶设计的灵感来源于苏州传统的坡顶景观——飞檐
翘角与细致入微的建筑细部。然而，新的屋顶已被重新诠释，并演变
成一种新的几何效果。玻璃屋顶将与石屋顶相互映衬，使自然光进入
活动区域和博物馆的展区，为参观者提供导向并让参观者感到心旷神
怡。玻璃屋顶和石屋顶的构造系统也源于传统的屋面系统，过去的木
梁和木椽构架系统将被现代的开放式钢结构、木作和涂料组成的顶棚
系统所取代。金属遮阳片和怀旧的木作构架将在玻璃屋顶之下被广泛

图 4-7 玻璃屋顶

图 4-8 片石假山

使用，以便控制和过滤进入展区的太阳光线（图 4-7）。

馆建筑与创新的园艺是互相依托的，贝聿铭设计了一个主庭院和若干小内庭院，布局精巧。其中，最为独到的是中轴线上的北部庭院，不仅使游客透过大堂玻璃可一睹江南水景特色，而且庭院隔北墙直接衔接拙政园之补园，新旧园景融为一体。主庭院东、南、西三面由新馆建筑相围，北面与拙政园相邻，大约占新馆面积的 1/5 空间。这是一座在古典园林元素基础上精心打造出的创意山水园，由铺满鹅卵石的池塘、片石假山、直曲小桥、八角凉亭、竹林等组成，既不同于苏州传统园林，又不脱离中国人文气息和神韵。山水园隔北墙直接衔接拙政园之补园，水景始于北墙西北角，仿佛由拙政园西引水而出；北墙之下为独创的片石假山（图 4-8）。当问及为何不采用传统的太湖石时，贝聿铭曾说过，传统假山艺术已无法超过。一辈子创新的大师，不愿步前人的后尘。这种"以壁为纸，以石为绘"，别具一格的山水景观，呈现出清晰的轮廓和剪影效果。使人看起来仿佛与旁边的拙政园相连，新旧园景笔断意连，巧妙地融为了一体。

这种在城市肌理上的嵌合，还表现在东北街河北侧 1—2 层商业建筑的设计，新馆入口广场和东北街河的贯通；亲仁堂和张氏义庄整体移建后作为吴门画派博物馆与民族博物馆区相融合，保留忠王府西侧原张宅"小姐楼"（位于补园南、行政办公区北端）作为饭店和茶

图 4-9　博物馆入口　　　　　　　　图 4-10　博物馆室内

楼用等；新址内唯一值得保留的挺拔玉兰树也经贝先生设计，恰到好处地置于前院东南角。

（2）空间意向

穿过一座由玻璃和不锈钢棚搭建的大门，一个由钢梁和金属百叶构成的入口吸引了来访者的所有目光。通过一个别致的圆形孔洞，人们可以感受到浓浓的中国情调（图 4-9）。以借景的手法，设计师将空间的灵性与活力展现给观众，远处的山水园林也成为了联系内外空间的纽带。

如果说前庭是整个空间乐趣的前奏的话，那么只有在走入室内之后，才会发现整个空间的动人之处。贝先生一改通常的四方形空间，将中庭设计成八角形，同时随着层高的递增而变换墙面造型，体现了错落有致的江南斜坡屋顶的建筑特色（图 4-10）。其中，三角形与菱形是主要的造型元素，灰色的涂料强调出各个形体的转折，形成了丰富、充满节奏的空间效果。同时，由于形体多变，透过顶窗照射进来的阳光形成了有趣且微妙的光影效果，强调了空间的戏剧性。正对入口的是一整面落地玻璃，外面的园林景色一览无余，成为中庭最引人入胜的风景。两侧的墙面上有两个菱形的窗洞，透射出的依然是室外的绿色景观，像极了两幅挂在墙上的画。不难发现，简单的几何形是设计师塑造空间的语言，然而这些现代的设计元素通过穿插与组合，创造出来的却是充满传统味道的空间气质。中庭的吊灯也是独立设计的，将传统中式花灯取其形，再利用方形与菱形的结构将传统精神完美地与现代材料结合而成。

图 4-11　木质百叶屋顶走廊　　　图 4-12　宋画斋

　　连接东西两大展厅的是有着条状木质百叶屋顶的走廊（图 4-11）。东面走廊的尽头是提供休息的场所，其中一棵百年紫藤是贝老先生精心挑选的，其蜿蜒曲折的枝蔓与顶部四方大气的花架形成强烈的对比，阳光透过树叶在纯净的墙面上形成斑驳的光影，顿时给空间增添了活力与激情。传统与现代两种审美在此相互碰撞，展现出贝先生对于现代园林景观的独特见解。

　　由走廊的尽头转折是整个博物馆的核心庭院。小桥流水亭台楼阁，贝老先生一改中国园林曲径通幽的造园传统，大胆地利用直线与折线创造出简洁朴素的庭院。北侧，几片巨大的石块、细腻的沙滩与清澈的池水共同构成了具有现代意味的园林小品。以墙为纸，以景为墨，像极了著名的"米氏山水"，别有一番趣味。令人感动的是，园中的竹和树都是设计师亲自挑选，每一棵都姿态优美，线条柔和，与建筑形成刚柔相济的美。

　　在两大展厅的中间，有一处完全以传统设计手法营造的展厅，名为《宋画斋》（图 4-12）。整个《宋画斋》被安排在一个半露天的庭院中，显得格外抢眼，在与简洁现代的展厅的对比之中彰显出传统空间的独特神韵。因为宋代木结构的古建筑现已存之不多，所以，整个小建筑就可以说是一件巨型展品，以其精到的制作工艺与地道的传统结构向人们展示古典的空间特质。

图 4-13　采光井　　　　图 4-14　紫藤园

（3）光影趣味

情是中国传统美学的重要范畴之一。情为主，景是客，情景交融，相辅相生，这才是中国传统的空间本质。苏州博物馆之所以能让人感受到传统美学的魅力，就是因为设计师很好地创造出了丰富多样的空间气质，而光影就是让这些景与人们产生互动与共鸣的直接因素。可以这么说，光与影一直是空间设计的第四大造型元素，它能让室内室外环境展现出蓬勃的生命力。"让光线来做设计"是贝氏的名言，在他的作品中，我们能够体会到光线的重要意义。而在苏州博物馆，贝老先生再一次让光影成为了空间的主角。

在建筑的中庭，阳光让整个空间充满祥和与大气。可能是借鉴了传统"老虎天窗"的做法，中庭的顶部是由玻璃材料做成的采光井（图 4-13）。阳光肆无忌惮地透过玻璃倾泻下来，并且随着时间的变化而不断地变换着投射角度。所以在不同的时刻，参差错落的墙面就会呈现出不同的视觉效果，有趣且丰富。同样，贝先生在处理小空间时，也一点不吝啬使用光影这一元素。三角形的二坡屋顶全部是由金属百叶和玻璃组成的，为了体现传统园林的特色，所有的金属百叶都被木质的贴面材料所包裹。阳光透过这些条状结构在墙面上形成了连续的光影图案，让原本单调的走廊顿时生机勃勃，饶有趣味。

在紫藤园（图 4-14），可以说光线是空间气氛的魔术师。来过此地的人无不被投射在白墙上的斑驳阴影所折服——方形的花架与蜿蜒曲折的紫藤枝叶犹如一枝无形的画笔，在墙上、地面上尽情挥洒。在不同的时刻，光线会令物体产生不同的阴影，似乎时间也是空间设计的重要考量依据，空间的灵性就这样产生了。当黄昏的阳光再一次照射进庭院的时候，所有物体都被一层金黄色的光晕所笼罩，这正是自然赋予空间的生命力所在。在博物馆的其他空间的顶部，基本都是由精细的金属百叶和玻璃顶棚所构建。自然光线透过木贴面的金属遮光条交织成光影，给白色墙体带来了如音乐旋律般丰富的节奏。同时，还可以根据天气的情况调节百叶，始终让展厅内部保持最好的光照条件。

在展厅与展厅之间，有许多别有乐趣的小空间，这些小空间都是露天的，既保证了展厅走廊的光照要求，而且也作为一种借景装饰让空间更有传统味道。同时，每一处小景都有各自的特点，光影给了它们生命。阳光透过密致的竹林星星点点洒落到地面，这是一种情，静谧安详；照射假山石而投影在墙面上的影子也是一种情，诗情画意。

（4）色彩表情

任何空间，色彩总是首先进入人们的视线，而同时，色彩比形式更能表现空间的情趣。在中国的传统空间美学中，讲求以景叙事，情景交融，色彩在其中当然也是扮演了重要的角色。

与贝聿铭先生设计的其他城市标志性建筑物不同，苏州博物馆采用了一种特别低调的方式来展现自己的美。为了与周围环境协调，博物馆外墙与内墙都以纯净的白色作为主基调，仅仅在空间转折处用灰色的线条来勾勒外形，同时，深灰色石材的屋面与白墙相配，为粉墙黛瓦的江南建筑符号增加了新的诠释。雨后，灰色的线条则变成深邃的黑色，如同中国画中浓重的笔墨，描绘着朦胧的江南烟雨。

主庭院依然是灰白两色的主基调，唯有水面是清透的碧绿。在蓝天的衬托下，整个空间犹如一幅宋代文人画，清新淡雅，恬静唯美。北部是贝老特别得意的园林造景。不远万里运来的巨石被一片片"种"入水中，米黄色与浅褐色互为衬托，在白色的背景中非常有精神，大气且不失精致。在统一的色调中寻找细微的色彩变化，营造出了宋代著名画家米芾的水墨画的独特意境。

其次，灰白两色的墙面作为环境色彩的高调部分，着重突出了空间中处于中间调的其他景物，包括绿色植物、蓝色水面、水中的鱼儿以及在建筑中活动的人们。就像贝先生所说，不要过分在意建筑，其中活动的人们和景色才是真正让空间呈现经久不衰生命力的主角。

把建筑和室内空间的色彩归纳为简单的几种色彩，是贝老对于传统文化的深刻诠释。如同创作一件绘画作品，设计师将自己对于生活的感受，对于文化的理解以及对于空间心理的把握融会贯通，最终抽象出最合适的色彩。这是一种继承传统的方式，它把握住了原始的韵味和精神内核。

（5）虚实结合

"虚"与"实"是中国古典美学的重要范畴，来源于中国古代哲学中的虚实论，认为天地万物以及一切艺术和审美活动都是虚与实的统一，艺术创作和审美活动唯有实现虚与实的统一，才能达到完美的境界。"清初文人赵执信在他的《谈艺录》序言里生动形象地说明了'虚'与'实'统一的这种美学艺术境界，他说：'神龙者，屈伸变化，固无定体，恍惚望见者，第指其一鳞一爪，而龙之首尾完好，固宛然在也。'从'一鳞一爪'（实）见'龙之首尾'，龙之'神'态，虚中有实，实中有虚，虚实相生，否则便索然无味了。"苏州博物馆设计中的虚实结合体现在很多方面，例如，贝老在设计中有意缩小了新馆的建筑面积，而留出了一大片庭院和水塘，在它们上方形成的空间让我们很自然联想到了中国画中的"留白"，这种"留白"的用意不外乎增加建筑的灵气和减少建筑太多对空间造成的压迫感，让这种"留白"形成与建筑物之间的虚实对照。其中这片庭院造成的空间是"虚"，周围的建筑是"实"，整个空间在纵轴上形成了开阔的视野空间表现为"虚"，周围室内空间形态相对于室外空间表现为一种"实"。这种虚实相间的空间构成手法和中国画留白所创造的空间形态手法是相似的。再如，在朦胧的江南，烟雨下的苏馆呈现出虚实相生的水墨画意境，这种"虚"的意境不单单是因为烟雨的造就，更是因为具体设计的延伸，比如光滑平坦的庭院倒影出清秀的建筑物，那亦真亦幻的片石假山在雨雾的柔化下完全融入到了这种意境，让观者充满无限遐想。

对传统文化符号的运用是现代设计中的一个重要现象，也是重要手段，古建筑专家陈从周先生认为，苏州建筑以"柔和、雅洁"著称，而苏州博物馆的设计也以"精、巧、雅"为主要特色，整个苏州博物馆的设计在现代设计的基础上加入了对本土文化和景观符号的挖掘和对传统文化符号的运用，让建筑具有时代特征，同时也不失民族文化特色，这也值得我们思考，或许这种饱含民族文化价值的设计才是最能得到认同的作品。

（二）长城脚下的公社之"竹屋"——隈研吾

1. 隈研吾简介及设计理念

隈研吾是日本著名建筑设计师，1954 年生于日本神奈川县。东京大学建筑学院研究生毕业后，到哥伦比亚大学建筑与城市规划学院担任客座研究员，1987 年建立了空间研究所，1990 年创办隈研吾建筑都市设计事务所。除了在东京的办事处，他在巴黎有一个建筑事务所，来发展他在欧洲的建筑业务。他在日本本地和国际上都获得过很多大奖，也举办过很多的个人作品展览。

隈研吾向来所秉持的设计理念——重人文、亲土地、为人着想、和环境互动、与自然调和。作为 20 世纪 50 年代出生的日本青年建筑师，隈研吾从他 10 岁的时候看到丹下建三为 1964 年东京奥运会设计建造的代代木体育馆开始，隈研吾就有了成为一位建筑师的梦想。直到 1986 年在美国哥伦比亚大学担任访问学者，学习亚洲城市设计后回到日本，他都坚信混凝土是建造理智和商业建筑的最佳材料。

而当 1990 年的时候，隈研吾把自己的设计事务所从东京搬到乡村，让他对混凝土的态度开始发生了转变。那个时候和当地木匠一起工作的经历让隈研吾意识到，木质材料可以建造出既经济实用，又复杂多变的建筑。他开始认为清水混凝土的强势使其他的材料失去了本身的结构、构造作用，只是作为覆盖在混凝土表面的装饰材料存在的，而结构构造和装饰材料本应该是一气呵成的。从这个时候，他开始寻找建筑与环境的媒介，利用环境特征，运用不同的材料，他不希望材料处于一种从属的地位，而是把不同材料作为建筑与环境的结合载体，并随着环境特征的变化而变换建筑形态，最终达到建筑与环境融合。

他想创造的是一种脱离视觉效果和象征意义的建筑，也就是"透明的建筑"。"透明的建筑"，是与其周围空间相互统一起来形成一个整体，形成环境与灵魂的对话空间。

如何让建筑从眼前消失（也就是建筑与环境怎么才能融合），一直是隈研吾思考的问题，在他的一系列建筑实践中，他的思想走向了成熟，继而提出了"建筑应该在适应各种各样的土地环境上进行设计"的"负建筑"理论。

隈研吾的建筑与它们的环境和平共处，不会试图破坏或战胜它们的直接背景。他的作品大都构成简单、直接，并且尊重一直在那儿的东西。隈研吾设计的博物馆、神庙和住宅，大部分建筑在日本，使用本地的材料。这些材料是泥土、木材、竹子、石头和脆弱的和纸。

清除建筑（erase architecture）就是说我们必须扭转我们的形式感觉。不是从外面看建筑，我们必须从内部考虑环境。所以他说，他想创造一种像飘动的微粒那样的模糊的状态。而与那种状态最接近的东西应该是彩虹。隈研吾的作品似乎溶化成了既没有轮廓鲜明的边线，又没有突出的焦点的这样一种无限的混合物。它们在视觉上分裂成会产生迷人效果的微粒，这是以他对材料的认识为基础的。选择微粒，选择它们的大小和细节是隈研吾设计的中央焦点。

2.作品分析——竹屋

"长城脚下的公社"是设计在北京北部山区水关长城脚下的当代建筑博物馆，是由 SOHO 中国有限公司和亚洲地区的 12 位著名建筑师合作建造的。这个项目宗旨是要激发和鼓励建筑师的创造性，并以此

图 4-15 竹屋

图 4-16 茶室

来影响亚洲新一代的建筑师、开发商和消费者，而竹屋便是其中 7 号别墅。

被冠以"必看"之名的"竹屋"由日本设计师隈研吾设计（图4-15）。外立面由巨大落地玻璃和纤纤细竹构成，日出日落，日光从不同的角度入射室内，经过竹林与玻璃的几次反射，将日光表现成"万丈光芒"，好似佛光普照。春夏秋冬，太阳入射角不同，加上雪景、冰景的变化，四季又形成不同的光影景观。专门隔出的"茶室"有十多平方米，六面皆竹，悬于水上，透过竹缝可见长城的烽火台，极富禅意（图4-16）。

竹屋的基地位于核桃沟，原址并不平整，呈倾斜的坡状。隈研吾在设计时特地考察了周围环境后，保留了其原始地貌，同时模拟长城起伏蜿蜒的形态，将竹屋细长的平面布局进行分段，然后依照地形的高低放置上去，这样整个建筑依旧保证了完整性与连续性。竹屋选址的最大看点是在视觉上山脉起伏很是壮观，在地形上它极具挑战。房子通过其规模、形式、方向、通道的布局采表达屋址，通过房子的各种空间、屋址在不同的部分和规模得到理解。隈研吾一直认为，建筑应与土地结合，这是衡量建筑好坏的必要条件，但与土地的结合并不是将土地铲平，让建筑孤立，而是让二者如同一体或者说如同美国建筑大师赖特的有机建筑般仿佛从土地中生长出来一样。这是竹屋设计的一个考量重点。而第二个考量重点则是精度调整。在城市中，高楼大厦、交通体系、城市广场、路边设施，所有的城市内含物几乎都是人工设计和制造的，都属于高精度的环境。而在自然界中，如竹屋的周围，蔓生的杂草，延绵的山峰，崎岖的小路，高低不平的地形，这些都是低精度的环境，是自然的力量。因此，建筑所处位置不同，面对的环境不同，在这里，这样的低精度环境是应当保留的。

隈研吾认为，长城脚下的风景十分自然，没有过多人工的痕迹，具有独特的魅力。建筑的出现不应当打破这种平衡与魅力。因此，他以周围的环境为基础，使建筑去适应环境，希望二者达到和谐统一。在选材方面，隈研吾同样希望找到一种来自自然的建材去适应低精度的环境，竹子作为中国常用的一种装饰装修材料成为了大师的首选，也就有了竹屋的构想。

（1）空间组织形式

竹屋的外观呈现细长的矩形，以竹为墙，原始地貌的坡度予以保留，在其上面放置了这个方形的盒子。隈研吾利用地形对竹屋进行了空间的变化，垂直方向上产生了错层，水平方向上也显得曲折迂回，空间形态十分丰富。整个建筑面朝南，从东到西是一个缺了一角的矩形体块，纯净的形式，给人的是安定的感觉。

竹屋主题建筑部分共有两层，内部空间分为公共空间与私密空间两个部分，二者的连接则是整个竹屋最出彩的半敞开的茶室。这所有的空间都被超大的平屋顶所覆盖。主入口显得格外低调，从侧坡可以上至二楼。二层的空间包括了公共的起居室、餐厅、厨房，也设置了四间客房。且主要功能区全部朝南，是极佳的风景观赏位置，能够看到室外的峰峦叠嶂和雄伟的长城。一楼的面积小于二楼，主要为两间客房和其附属空间。

从平面图上看，起居室、餐厅厨房等似乎都位于入口的东侧，而客房、卫浴则位于西侧，这两部分由茶室分开且有交通空间相连。从入口进来后，首先通向起居生活区，另一边才通往私密生活区，动静分区明确，互不干扰。在分隔空间方面，隈研吾展现出了超强的实力，除了钢结构的实体墙对公共空间与私密空间进行分隔外，在整个空间里唱主角的竹子更是起到了围合空间和引导空间的作用。玄关两旁的竹子装饰将虚空间隔开，引导人从室外进入室内，同时将无关空

图 4-17　竹屋　　　　　　　图 4-18　客厅

图 4-19　楼梯　　　　　　　图 4-20　卧室

间屏蔽。在起居空间部分，起居室与餐厅厨房连接在一起呈现规则的矩形，便于组织交通。起居室位于整个竹屋的东南角，采光、视线都极佳，成为一个在山林中温馨的静谧空间。西侧的四间客房由一条走廊连接，流线清晰（图 4-17、4-18、4-19、4-20）。除了走廊外，室内还有两条石板桥也是交通要道，一条连接茶室，一条接到餐厅和通往下面客房的走廊。

（2）局部空间特写

竹屋的中部即茶室，从入口进来，下几阶楼梯便可进入。顺着一块浮于水面的青石板桥便可进入茶室，茶室的主要界面均由竹子组成，设有滑轨可以完全封闭起来。茶室的家具极其简单，玻璃茶几在竹子和水面的背景之下也仿佛消失了一样。在茶室与水相邻的三面竹墙之外，又设有竹制的格栅。不同的是，格栅使用的竹子比茶室的直径要大，排列的间隙也较大。这些竹子与水面在阳光的照射下，形态灵动异常，视觉效果丰富。

（3）光影处理

起居室、餐厅、茶室的落地大玻璃窗外均有类似于竖向百叶的竹制移窗，平时局部遮挡住玻璃，也可将玻璃全部遮挡。局部遮挡时，加上挑檐的遮挡，阳光显得十分温和，结合细碎的光影线条，营造出一份简洁的美感效果。竹子以线的形态出现，成片的竹子用线组成了墙面，且阳光透过间隙洒向室内，光影斑驳，虚实相生，起到了连接室内与室外的作用。因地形，二楼光线充足，因此将主要活动空间设置于二楼。在二楼的起居室，巨大的落地玻璃窗成为亮点，一方面保证了室内良好的采光，又能够使居住者方便地欣赏到室外美景，仿佛人就置身于自然之中，室内室外没有了边界。卧室区简单地开着方形窗，但外围的可推拉式竹门有效阻止了外立面的装饰效果，光线经由这些竹子进入室内，形成了意想不到的光学意境。

（4）材料和技术

竹子在我国传统文化里具有独特的人文意义，在建筑中得以大量使用。同时，钢材、玻璃和石材同样出现，几种肌理质感完全不同的材质互相对比着又和谐共生着。

隈研吾面对不同建筑材料，是把它们作为"已知条件"来设法创造一个远离混凝土建筑的状态，他要创造一个场所、一种状态。竹子在这里已经超越一般建筑材料的作用。从看到竹子粗犷度和精度的较好结合，隈研吾决定在长城公社用竹子来做建筑。而提高竹子耐久性是细部处理的主题——加长屋檐（1.7m）来防雨。对竹子进行约280度的热处理来杀死竹子里寄生的微生物，再涂满油。竹子经过这些处理之后，颜色发生了变化，与周围景观更加协调。

一部分支撑墙为双层玻璃，形成盒状，在里面填入羽毛，以增强隔热性能。

竹屋又是充满了条理性的，每根竹的粗细基本相同，排列的间距也有规律，相同部分的长短也是一致。可以说，这是很理性的设计，却因为竹这种材料本身极其自然，细看之下每根竹似乎都不一样，因而产生了动人的效果：理性的逻辑之美与非理性的自然之美在这个地方得到融合。

（5）传统文化在竹屋中的体现

①崇尚自然，让建筑在身边隐形。隈研吾十分崇尚我国先人依地势修筑长城的做法，对于这种仿佛从土地中生长出来的建筑很是欣赏。在设计竹屋时，他便学习借鉴了这种做法，保留原有高低不平的地形，将建筑分为两层，一层在沟壑之上，而另一层则位于沟壑下面，整个建筑与地形很好地结合，完全建立在原有地形的基础上，达到了二者的和谐共生。隈研吾一贯秉承"负建筑"的理念，而竹屋便很好地阐释了他的设计初衷：建筑作为人为制造物，与自然达到高度和谐，宛如一家。竹屋依山而建，室内室外有竹有水，山、水、竹、屋，浑然天成。我国传统哲学理念"天人合一"在一位外国建筑师的手中变得鲜活。

②就地取材，让地域文化大放异彩。隈研吾认为，混凝土材料由于其硬度和色彩等关系，无法表达出轻盈自然的效果，因此他转而考虑自然材料。竹子作为我国南方的常见植物，在中国人心中是"四君子"之一，千百年来深受社会各阶层的喜爱。竹子象征着坚韧、积极向上与高风亮节。竹材本身造价低廉，常常出现在中国人的建筑与室内空间中，有时是家具，有时是陈设，但作为建筑主材极少出现。这也是由于竹子本身的物理特性决定。竹子生长周期短，成材快，韧性强，但由于其过于柔韧，作为建筑材料的主角极少被运用。隈研吾在对竹子的使用上打破常规，使竹子成为整个空间的焦点，也成为构成界面的最大功臣，改变了竹子千百年来在建筑中只能充当配角的命运。竹屋从名字，到外观、界面材料，再到室内装饰，淋漓尽致地展现了竹子特殊的美。其色彩、质感、肌理等都被原生态地展示出来。尤其是室内粗细不同、疏密各异的竹墙，更是层层叠叠，如同置身于竹林之中。

竹屋对原有地形的保留使其在建筑空间中变得形态多样，尤其是垂直方向上的变化。而竹子的出现给看似单调的建筑带来了一丝轻盈与温柔，为整个空间带来的不仅是绿色，更是一种忆古颂今的韵味，氤氲着中华文化的浓郁氛围。传统的建筑材料在隈研吾的手中变得现代感十足，游客可以感受古今，游走于不同的时空。

③禅宗文化，让空间内敛而不失张扬。隈研吾在这里既追求了日式的极简与禅意，又透彻地领悟了中式的韵味，将茶室的空间效果推向极致。茶室的位置本身就位于动静两区之间，且其中一个界面直接面向室外，似乎变成了一处灰空间，模糊了内与外，充满了流动性。

在日本建筑中，"禅意"始终是绕不开的一个话题。隈研吾也一直被认为是表现禅意的大师。在竹屋的设计中，竹子为墙，带来了静谧与清幽，阳光透过竹林洒向室内，与水、与地面交相辉映，奏响了一曲光影的交响乐。隈研吾说"洒满整个竹林的澄澈的绿光独具魅力，我非常喜欢竹子的纯洁、笔直，以及它不同于金属和瓷砖的质感"。建筑师的独到眼光使竹子又一次焕发了新的生命。

在隈研吾的竹屋里，墙体的作用除了分隔空间之外，还是室内与室外的桥梁。公共空间中的落地玻璃扩展了居住者的视野，使室内外的距离缩小。茶室悬水而置，周围翠竹环绕，竹香沁人，春风拂面，禅意淡淡，身处其中，是何等舒适，何等惬意。虽然隈研吾是日本建筑师，但他极好地掌握了中国竹文化的精髓，给人们带来的是一个风景与诗意俱佳的建筑空间。

三、蜗居也能有诗意

"蜗居"一词由一部反映老百姓真实住房生活的电视剧而被广泛使用。顾名思义，蜗牛的家。对于生活在现代城市里的年轻人，巨大的生活压力之下，对居住空间的渴求尤为让人动容，却也尤为不易。蜗居一词便映射出了这种居住状态和境遇。中国人将家看作是安身立命的根本，安居是乐业的前提，而面对高房价，很多年轻人只能选择一些60平方米以下的小户型，这类住宅面积小，首付少，月供少，只要相应的交通生活配套设施齐备，便是年轻人的住房首选。万科集团甚至针对大学毕业生推出过15平方米的超小户型。在一线大城市里，绝大部分的小户型的购买者都是年轻人。

居住的空间对于每一个人都有两层含义，它除了可以遮风避雨，供人栖居之外，更是人们心灵的港湾，是夜归人的路灯，是精神的归宿与家园。那是否蜗居就不再具备这两项功能了呢，或者说，空间的局促与狭小是否就意味着精神品质的将就呢？当然不是。作为年轻人，很多都是在异乡打拼，即使是小小的居住空间，带给他们的也是温暖与安慰，因此面积的大小与家的品质不成正比，甚至在某种程度上对于小户型空间居住品质的要求会愈加苛刻，因此如何在蜗居演绎出富有品质的生活空间成为当下计师竞相尝试的热点。

1. 国内"蜗居"现状及设计趋势

更多人们的观念还是停留在对于住房面积的要求上的，认为更大的房子才是更完美的住宅，往往忽略对现状住宅的改造设计。同时也存在着这样的一个现象，对于住宅的装修设计大多是终身一次性工程。无论时间迁移，还是家庭状况的改变，一般都不对应地改变住宅的装修，从而出现"人随房子变"，而并非"房子随人变"的不适合现状。目前国内只有小部分年轻人开始注重房子的个性化，个性化的设计装修。抛弃传统装修中的打制大型整体家具，可以变化或者组合的新型家具开始受到关注。

拥堵的城市，拥堵的交通，房奴、卡奴，在此背景下，简约的家居生活、以人为本的"减生活"设计理念孕育而生，强调的功能，给家居做减法，创造一个平衡、宁静的生活状态。同时，时尚、简洁、实用、大收纳、多功能也是未来室内设计发展趋势的关键词。设计时尚小巧，兼顾整体功能，让人们尽可能地在有限的空间里，利用组合式设计，充分开发隐蔽空间，巧用角落空间，满足生活和收纳的需要。在此基础上，在配合当下流行的家装风格，如自然风、混搭风、玩乐风等，开创家居发展的新格局。

居住室内环境要满足使用功能。居住室内设计是以创造良好的居住空间环境为宗旨，把满足人们在室内进行生活、工作、休息、娱乐要求置于首位，所以在设计时要充分考虑使用功能要求，使室内环境更加合理化、舒适化、科学化；要考虑人们日常活动规律，处理好空间关系，空间尺寸，空间比例；合理配置陈设与家具，妥善解决室内通风，采光与照明，注意住宅室内的总体效果。

居住室内环境需依附精神需求。居住室内设计在考虑使用功能要求同时，还必须考虑精神功能要求，视觉反映、心理感受、艺术感染等。从人的文化、心理需求出发，如人的不同的爱好、愿望、意志、审美情趣、民族文化、民族象征、民族风格等，并能充分体现在设计之中，创建与功能性质相符的所需的室内环境氛围，使人们获得精神上的满足和享受。

居住室内环境要融入现代技术。空间创新和结构造型有着密切联系，二者应取得协调统一，把艺术和技术融合在一起。要使住宅室内设计更好地满足使用功能及精神功能要求，就必须最大限度地利用现代科学技术，将最新的科学技术融入到现在住宅室内装修的过程中，装修出最新的成果。

2. "蜗居"室内设计改造方法及措施

首先，对住宅室内空间做出总体规划和设计，合理划分各个空间功能，结合实际房型和居住者的状况，做到空间功能分区的多元化和灵活性；其次，空间界面的处理手法也十分重要，风格的统一化，更能扩大居住者对空间面积的感觉；色彩、灯光的设计能营造不同的空间氛围，根据居住者不同的年龄、喜好等，灵活运用色彩，巧妙布置照明，设计出变化莫测的家居环境；其中家具的改造和设计至关重要，结合实际情况设计合适的家具，通过家具的可收可变可伸展，充分利用组合式设计，开发隐蔽空间，巧用空间死角，满足生活和收纳的需要；材料质感的表现在家装中起到举足轻重的作用，不同材质的相互碰撞融合，往往会产生不可预料的神奇效果；通风、采光也需要重点考虑，空间的舒适程度与良好的通风和采光关系密切。综合以上几点，就是本题研究将采取的主要措施。

第一，从空间布局划分上着手。住宅室内设计的空间组织，包括平面布置，首先需要对原有建筑设计的意图充分理解，对住宅的总体布局、功能分析、人流动向以及结构体系等有深入的了解，在室内设计时对室内空间和平面布置予以完善、调整或再创造。小面积住宅虽

图 4-21　镂空雕花格栅

图 4-22　象征性分隔

然在空间大小上限制住了，但是通过对室内整体布局的再调整，从设计上解决使用面积不够的问题。

　　针对狭小住宅平面布置紧凑、围合感强的特点，现代设计往往采用开放式的处理方式，拆除部分隔断墙面，采用局部分隔，推拉隔断再辅以帘幕，达到较强的私密性和亲切感。用片段的面，如屏风、翼墙、不到顶的隔墙和较高的家具等，划分空间，再例如，以半墙形式做半隔断，在保证视线通畅的前提下，同时起到划分功能分区的作用。纱帘、流苏等可作为软隔断，丰富空间层次，也可柔化装饰空间，点缀空间色彩。镂空雕花格栅也是当下流行的装修元素之一，在组织空间结构中发挥着独特的作用。让整个室内在视觉上更加宽敞，消除小空间带给人的局促压抑的感觉（图 4-21）。

　　象虚拟分隔又称象征性分隔，也是一种常用的空间分隔方式。通常利用材质、色彩、灯光等的不同，使人们产生联想并感知空间的分隔，从而达到分隔空间的目的。这种方式隔而不断，能够保证整体空间的采光照明灯，非常适合用在小户型的空间分隔上（图 4-22）。

　　第二，在空间结构功能上巧妙设计。小面积住宅无法在面积上满足多种功能的使用，只能灵活布置，在有限的空间内创造出多层次的功能分区。将多种功能重叠布置于同一空间是较常见的处理手法，例如，起居室和客厅的空间重叠，或厨房兼具餐厅等。某 29m² 三口之

图 4-23　阳台的多功能设计

图 4-24　阳台抽屉

家住宅设计，阳台区域设计兼具三个不同的使用功能，白天做娱乐休憩区，可下棋、饮茶、看书，晚上为父亲的办公区，夜间是女儿的休息区（图 4-23）。

其实对于阳台的处理方式也十分多。很多人家常常把小阳台当作储藏间，你能想象将小阳台当作一个小书房吗？这是一个有点疯狂的尝试，首先做好防晒和防雨，可以将所有书籍资料都可以摆放在头顶及两边的墙面上。就着风景看书，是浪漫而养眼的。一款纱帘也是必不可少的，既不影响风景，还能适当保护你的眼睛。再如很多人家做的地台，本身也是划分空间的一种方式，但同时地台本身也可以成为非常好的储物空间。例如，兼有睡卧功能的地台可设计成抽屉，放置被褥、衣物等；再如一些茶室、阅读区等，可将地台设计为上掀式，内部做成格子结构，储存一些不常用的生活物品。别具心思的还可以将格子封盖的材质进行设计，如使用透明的玻璃、亚克力等，使内部物品一览无余，成为独特的展示空间（图 4-24）。小面积住宅中，住宅面积不够居住者的使用所需是矛盾的关键。在无法满足的情况下，如下图中，将床铺放置在半层高的中间位置，类似学生寝室的高架床铺，创造第二层空间，在"领空"上增加使用面积，从而缓解矛盾（图 4-25、图 4-26）。

第三，通过色彩调配空间大小关系。室内环境给人们留下的第一

图 4-25　床铺设计

图 4-26　多功能设计

印象往往是室内色彩。色彩影响人们的思想和举止，并产生丰富的想象、深刻的寓意和象征。室内色彩设计需要根据具体情况具体分析，选择适当的色彩配置。通过对家居色彩的配置，使小面积住宅在视觉感官上不再狭窄，反而变得宽阔，从而让居住者不再感觉压抑拥挤，能够更好地享受其中。

　　其次，室内色彩的平衡感也十分重要，色彩的明暗和面积的大小都会直接影响到整体色彩的平衡感。一般来说，比较容易获得色彩平衡的方法是，将较明亮的色彩置上，较暗沉的色彩置下。比如，天花的颜色要比地板的浅，否则容易产生压迫感（图 4-27）。总之，整体空间的色彩应该遵循上轻下重、浓淡适宜，在统一中变化，将律动

图 4-27　客厅色彩调配

归于和谐等原则。和谐而又富有变化的色彩搭配，既能增加居室的美感，又能扩大居住者对整个空间的面积的感受，从而消除因面积狭小而使人产生的各种不适。

用色彩界定空间。用色彩来划分室内功能区域既简单方便、经济快捷，效果也是十分显著的。需注意，各区域的色调必须和室内整体的空间色彩相符合。小面积住宅更需要一个主题颜色，贯穿整个空间。另外，应发挥各色彩不同的情感倾向，使得空间功能更好地实现。比如，卫生间最重要的要求是清洁卫生，因此多以白色、浅绿色、浅蓝色等冷色为主，突出卫生间清洁干净的感觉。

用色彩调整空间。色彩的冷暖特点会使人们在视觉上产生错觉，因此利用这个原理改变空间大小和高度给人的感觉，也可以改变空间的整体氛围。比如，若想使狭窄的空间变得宽敞，应该使用明亮的冷色调。明度、纯度较高的色彩可以使空间变得更加明亮、活跃，而明度、纯度较低的色彩则会使空间显得幽静、隐秘。

第四，利用光源来配置空间大小感受。小面积住宅对采光要求甚高，一个狭窄又昏暗的空间，只会使人产生拥挤压抑的负面情绪，是不适宜人们居住的。然而现代城市中的住房，阳光充足、采光一流的，不是每位业主都能拥有的。因此，在设计上弥补住宅采光的先天不足，让室内不再压抑昏暗是研究重点。

人们喜爱贴近大自然的装修，把阳光直接引入室内，以消除室内黑暗感和封闭感，使室内空间更为亲切自然。时间变更，光影变换，使室内视觉层次更加丰富多彩，给人以多种感受。

除自然光线外，室内灯光的选择也是十分重要的。不同的灯具，光色、位置及照射角度，能产生不同的效果，营造出个性化的艺术氛围及生活享受。不同的房间对照明的要求也各不相同。例如，门厅是进入室内给人以最初印象的地方，因此要较为明亮的照明。在柜上或墙上设灯，会使门厅内有宽阔感。卫生间需要明亮柔和的光线，灯具应选用防湿或不易生锈而易清扫的类型。卧室选择眩光少的深罩型呈乳白色半透明型照明，增设落地灯或者壁灯创造出宽绰舒适的空间（图片4-28、图4-29）。

图 4-28　自然光线

图 4-29　室内灯光

　　对光线的把握，能使整个室内空间提升一个新的层次，狭小的空间更需要明亮的光线，能增加空间的宽敞感觉，提升人的感官享受。

　　第五，配置家具来吻合"蜗居"特征。一件尺寸合适、使用方便、造型美观的家具能提升整个空间美感。在小面积住宅中，家具的选择就更为重要了。随着社会发展，生产力水平的提升，科技更贴近生活。现在家具设计中科技含量大幅提高，更多让生活变得更轻松舒适的家具推陈出新。功能全面，使用便捷为前提，可收缩变化，便于收纳，节省空间的家具更为首选。如何更有效的，更充分地利用空间，都应该是进行反复思考设计的。使用的时候拿出来，不用的时候收起来，节省每一寸空间。在狭小住宅内，往往结合实际环境，现场设计打造的家具更能起到化腐朽为神奇的效果。

　　①会移动的家具。通过家具的位置移动来形成室内空间的变化是最为普遍的空间变化方式。一种是上下移动。如图 4-30 所示的升降桌，通过桌面的上下移动，可以轻松地实现空间的功能转化，为小面积住宅的使用者提供了更多功能的活动空间；当桌子隐藏在地面中的时候，地板上一片平整，可以睡觉、练瑜伽。而当桌子升起之后，就成为吃饭、工作，甚至和朋友聚会的好地方。一种是左右移动。如图 4-31 所示的滑动自由的组合"墙"（滑动式电视墙、滑动式衣柜和滑动式书柜），移动并改变它们的相对位置不仅可以实现对公共空间与私密空间的划分，也便于不同功能空间的相互转化。一种是前后移动。前后移动的家具能使"空间表情"在最短的时间内迅速改变，为空间实现更多功能提供便捷。比如将图 4-31 中的组合"墙"增加

图 4-30　升降桌

图 4-31　滑动式衣柜

前后移动的功能，比如半遮半掩的床
（即采用内置形式的床，在拉开时是
床，推入后则成了舒适的沙发座）等。
一种是自由轮动。如图 4-32 所示的便
携式书桌椅，由于其组合、拆卸方便
和自由轮动的功能，可以"呼之即来，
挥之即去"，发挥空间最大效能。

　　②会变身的家具。当家具具备了
多功能、灵活性的特点后，它在功能

图 4-32　便携式桌椅

需求方而也相应地具有了适应性，能更好地与周边环境相协调。一种
是同质变身，此椅子变彼椅子；一种是折叠变身，折叠可以将面积或
体积较大的物品折叠成尽可能小的面积或体积，但折叠是为了更好
地展开，必须符合"适应、经济、美观"的设计原则，一种是异质变
身。异质变身的家具很多，比如柜子与床互变，椅子与茶几互变，沙
发与床互变等。

　　③自由组合的家具。一种是功能重组。如图 4-33 的桌子，平时
它是一个简洁的桌椅，非常时，可以将桌子拉平，变成一张单人床。
一种是形体重组。随着工业化时代的到来，家具的设计也趋向于标准
化的加工与生产方式，为家具提供了统一的尺度标准，这使得家具间
的组合方式变化成为可能。图 4-34 是一款组合式沙发，既可以单独
成为一个沙发，也可以变成沙发与茶几的组合。

图 4-33 多功能桌子

图 4-34 组合沙发

3."蜗居"室内设计案例分析

建筑面积：86 平米

房屋户型：两室一厅一卫（图 4-35）

居住人口：6 人（2 个大人，4 个小孩）

从图 4-35 中的基础户型结构图可以看出该房屋空间的局限性：首先本案的空间布局基本固定了，就算墙体全部可以拆除，也很难改变空间的基础布局：入门后为起居空间与阳台（客餐厅总需要采光和通风），一侧是入户花园（唯一可以调整之处），沿通道往后行走便是卫浴空间和两个卧房。可谓一个萝卜一个坑，如何进行创意设计呢？

①入户花园与内宅的沟通：本案的入户花园似乎是个鸡肋，设计师将入户花园与内宅贯通，形成与厨房前过道一体化，既提升了空间

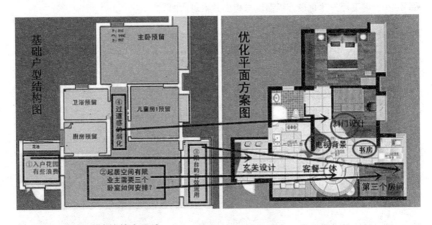

图 4-35 优化设计的基本思路

的深度，又在入门处形成了充足的玄关、储藏和活动区域。传统堪舆学认为入户门为"纳气口"，所以门是第一要素，"一门定昌吉"。如此较为开阔的入门效果让整个"蜗居"显得通畅起来了。

②客餐厅的视觉转换：客餐厅在本案的设计中是关键，过大则浪费空间，浪费一个卧室的空间，过分迁就与隔出一个卧室，又会很小很压抑，"明堂水路"被压，起居间难以藏风聚气，难以生旺，视觉感局促，缺乏美感。其实这些都是在原有的客厅思路下的难题，设计师采用了"非正常"的设计手法，运用人体视觉原理和人体工程学，采用圆弧形沙发角度摆放，借用厨房外墙角度性造型电视机背景，起到了打开空间视线和提升空间利用率的效果。同时取消了独立的餐桌，餐桌与沙发茶几兼容，配合小椅子，客餐厅一体化设计。如此转

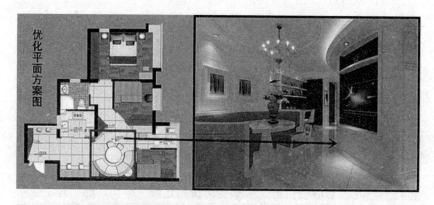

图 4-36　客餐厅一体化设计平面图与相应效果对比图

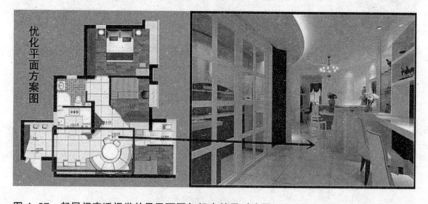

图 4-37　起居间穿透视觉效果平面图与相应效果对比图

换思维和布局，让空间有了更多的创意设计潜力。

③阳台空间的调整：本案有个独立阳台，本来是连通客厅设计为休闲加生活阳台的，但是在本案的设计要求下，如果按部就班设计就是浪费空间了。设计师保留了一部分生活阳台，并与客厅相连确保采光度。同时将下部的阳台与部分客厅空间结合形成第三个卧房。这种借助空间的手法，没有占据太多主空间，同时运用整体的空间协调性设计，凸显出小户型的精致与紧凑感。

④过道与功能区域：从图中不难看出通过创意设计思路以后，整体空间有了较多的通道，没有单独冗长的过道（化解了直冲煞、枪煞），从而形成不同方位上的通达过道感，让整个视觉得到了上下左右的引导，视觉扩展了，整个空间感也因此显宽敞了。但是毕竟是"蜗居"，视觉亮点是一方面，另一方面空间利用率也是重点，所以设计师将所有的过道都做了最大限度的饱满化设计，增加出必要的功能区域。第一，玄关与玄关到客厅的过道设置了储藏柜和书桌，既能满足家中四个小孩的学习娱乐需求，又能形成视觉上的充实感；第二，与生活阳台相连的客厅过道区域则设计为开放式的书房，供家人看书上网和休闲，并与客餐厅呼应；第三，通向主卧的过道，则运用斜边造型达到气流回旋，视觉转折的效果。

本案的设计疑问解析：

①客厅会不会没有采光？其实自然采光度也是随着空间结构和设计特征而转化的，不是所有的户型和设计必须有良好的自然采光。本案中，第一，生活阳台被保留了一部分，确保了基本的自然光线；第二，通过墙面色彩（白色乳胶漆）和灯光处理，以及圆弧形的沙发，实用别致的客厅不仅不会显得阴暗，而且呈环抱形态，给人温馨感受；第三，过道的巧妙设计，墙体的造型引导让原本狭小的空间有了从入门到阳台的纵深感，这样的结构让客厅有了一种开放的视觉感，自然不会显得昏暗封闭了。

②儿童房斜开门是"风水隐患"吗？就基础堪舆原则而言，似乎斜开门的卧房就是缺角设计（甚至称为三角房），其实，第一，缺角更多在于建筑本身缺角，第二，卧室的生活空间是以床为中心点划分

的，从本案优化图观察，以床为中心的生活区域还是方正的，斜边门不仅没有造成三角房隐患，反而形成了卧室的内玄关，化解了卫生区域的斜对和影响（虽然没有正对，但是因为没有内卫，如厕家人走来走去，带动不良气体流动，有异味和细菌危害。）第三，改变了原来笔直冗长的过道感，用转角形成视觉上的"曲折"感，令人有别有洞天的空间视觉感受。

③主卧前的过道空间是否浪费？本案空间较小，功能需求却很多，但是细心点儿就会发现，本案通过过道转折以后，主卧门前的过道扩大了，但是似乎毫无功能布局，是否浪费？其实就整体而言，不仅不浪费，反而意义重大。一方面配合儿童房的斜边门设计，让一家人有了较大的如厕回旋空间，行走方便，同时有利于空气流通，不会形成异味（小空间厨卫气味影响很大）；另一方面，让主卧与儿童房、起居空间有了一定的过渡区域，确保了主卧的私密性，属于人性化的设计。

四、社区环境大和谐

所谓社区环境是相对于作为社区主体的社区居民而言的，它是社区主体赖以生存及社区活动得以产生的自然条件、社会条件、人文条件和经济条件的总和。它可理解为承载社区主体赖以生存及社会活动得以产生的各种条件的空间场所的总和，它属于物质空间的范畴。

从考察的角度和范围不同，我们可以将社区环境分为广义的社区环境和狭义的社区环境。广义的社区环境，也可以称之为一般意义上的社区环境，即把社区作为主体，研究社区的外部环境状况对社区的影响。狭义的社区环境，也可以称之为特殊意义上的社区环境，即把居住在某一特定社区的居民作为主体，研究社区范围内一切与居民生活密切相关的各种环境因素对社区的影响。

（一）传统人居环境规划理念

1. 天人合一的传统自然观。在我国传统聚落环境创作中，尊奉"天人合一"的传统自然观念，把握自然生态的内在机制，顺应自然、因地制宜、珍惜土地、就地取材、合理利用自然光和风等能源，创造出自然化的物质空间。为达到天人合一的至善至美境界，传统聚落空间多选址于山水之间，以自然品质寓人伦道德、以自然之美培育山水情怀，创造以自然为主题的环境精神。如建于江河、湖泊的聚落常以水为命脉，构建水、宅相连的环境特色，创造出江南水乡小桥、流水、人家的环境氛围。

2. 传统社区环境空间的塑造。传统聚落空间注重"风水理论"的封闭格局，追求"藏风聚气"的环境，常选址于大自然群山环抱或河水环绕的封闭领域之中，并以风水树、塔、庙等标志物作为起点成为划分外界空间的界定标志；以宗祠、宗教庙宇、戏台、井台、石碾等构建开放的公共活动空间；众多的小巷里弄构成了街区复杂、密集的活动空间与各自独特的道路网络结构；同时高密度的集聚空间、适宜的尺度，平等视角的邻里交往，使传统住区亲密无间，充满情趣与归属感。

3. 以人文为核心的精神空间。在聚落环境的规划布局中，常以"尊、亲"的宗法观念，建以宗祠为核心的祭祖礼拜的活动空间，施祖宗崇拜的血缘教化增强情感凝聚力；以歌功颂德的牌坊、碑亭等标志性建筑构建聚落中的精神景观；以几代同居的合院式住宅建构天伦之乐的情感空间；以质朴的街坊，幽静的巷道空间建立家家户户联系的纽带；以风水树荫、村中水井、凉亭、石碾等构建邻里交往的情感空间；以戏台等公共活动空间开展乡土文化活动；以浓郁的乡土文化构建环境的文化品质，塑造人与人心灵情感相通的家园精神。含有人们过去的记忆，有着重要识别、象征与怀念意义的百年古树与独特的地方建筑被人们物理地、视觉地和文化地感知；所处场所空间尺度宜人，深巷围合度高，传统社区以其复杂多样的功能、构成深厚的历史文化积淀，使得社区居民在联系交往中对所处的空间形成了强烈的归属感和精神状态以及生活方式上的"同一感"。

（二）社区环境规划指导原则

1. 创造以人为本的社区环境。人是环境的主体，以人为本是居住环境营造的基本原则。1973年，美国人文心理学家马斯洛在《人类动机理论》一书中提出了"需要层次论"，将人的需求分为5个层次：生理需要、安全需要、社交需要、尊敬需要、自我实现需要。马斯洛的需要层次理论为城市社区规划设计价值取向提供了参考的框架。虽然在不同的历史时期、不同的经济阶段、不同的生活水准和不同的生活方式前提下，人们对居住与生活环境的要求不相同，但是人们对生活的共同向往和追求却是一致的：既要物质与精神生活的丰富多彩，又要追求生理和心理的满足。快速推进的城市化进程彻底改善了人们的居住条件，目前我国居民对住区环境质量的要求，已经从基本的生活需要，逐渐向心理感受和文化品味等更高层次的需求发展，能否使他们在居住区内使自己的社会交往、归属感、互相尊重以至自我实现等更高要求的满足得以实现，成为衡量一个居住社区营造优劣的重要尺度。居住区规划的目的就是要"以人为本"，通过精心的规划设计，全面地满足人们的各种合理需求，创造出丰富多彩的人居环境。

2. 促进社区邻里互动。无论是传统的"院落"式聚居空间，还是传统的"里弄"式聚居空间，都深刻地表露出"交往"的魅力所在。"远亲不如近邻"，"千金买宅，万金买邻"，就是最好的写照。交往，是城市文明最核心的要素。正如芒福德所说："对话是城市生活的最高表现形式之一，这个演戏场内包括的多样性使对话成为可能。"社区是人际交往发生的主要区域，紧密的邻里关系能促进居民的广泛接触，增加交流的机会，使居民产生归属感，以及以地方为荣的心理，热心地方事物。《马丘比丘宣言》指出："我们深信人的相互作用和交往是城市存在的基本依据，城市规划与住房设计必须反映这一现实。"因此，通过社区内有吸引力的公共空间的创造，来吸引人们多进行户外活动，为居民的相互交流和参与活动创造良好的空间场所，扩大居民的交往和情感互动，形成以社区归属感为核心的富有人情味的居住环境，成为新时代社区设计要着重解决的问题。

3.保持社区的地域文化特征。在社区环境的营造中，应结合当地的历史文化和民俗传统，合理表达使用人群自身的生活特征，创造出具有文化认同感和地域归属感的空间感受。这种社区公共空间中的文化系统以及价值取向的构建。可通过空间设计中对当地的文化传统的继承，在空间营造过程中对文化符号，建筑的文脉，民俗观念的呼应和创新，使社区的成员在享有共同文化背景之下获得相互交往的起初可能性。

4.完善的居住服务设施。随着90年代新都市主义的兴起，居住、生活综合体的功能机制，已为广大规划者所认同。一个完善的生活场所应拥有多样化、层次化、现代化的社区公共服务网络体系，除基本的商业、医疗、卫生、教育、保健等设施外，还应提供体育、康乐、健身、旅游等各种适合居民参与的休闲、游乐活动。人们在社区内能方便地购物或得到其他的服务，而不需要大老远地开车去购物或获取日常所需，社区成为现代社会人们多样化生活的居住综合体。

5.加强公共参与。在西方发达国家，公众参与是社区规划建设的主要途径。例如北欧国家的合作社区，居民就参与建立社区机构、制定项目计划、研究和确定设计方案、组织施工建设和社区管理的全过程。当前，中国的社区规划建设的主导力量仍然是政府和开发商，公众参与是薄弱环节。公众参与的范围小、程度低，公众参与的方式简单被动，主要是问卷调查，一些意向性的选择等，另外，人们在社区公共生活中缺乏表达个人意愿的途径，公众参与由于缺乏组织性，力量比较薄弱，因此人们对于社区建设漠不关心。社区生活的形成有赖于社区居民积极参与社区生活活动。公众参与是中国城市社区规划建设的重要发展趋势，积极倡导居民参与社区规划设计，参与社区公共环境的营造，能够更大程度地增强社区居民对社区及相应环境的认同感、归属感，有力地促进社区的和谐。

（三）构建有归属感的和谐社区环境

1.构建融于自然的人性空间

对自然、田园生活的追求贯穿了古今历史，涵盖了中外文化，并在古希腊的田园诗风景、古罗马的乡间别墅和中国宋代山水画中得到完美的体现。传统聚落所创造的人与自然环境相生相融的田园环境是现代人向往田园风光的魅力所在。新都市主义也认为，任何一个社区都是坐落在一定的自然环境中的，当地的气候、植物、周围的自然景色都对居民产生一种情感上和心理上值得留恋的记忆。

现在不少国家都十分重视对自然景观的利用，对建设地段上的水面、小丘、草木等都着意保留，并精心将其纳入到统一的建筑空间中去。反观我国，虽然不少小区的环境都经过良好的设计，但功能过于单一，无法满足不同人群对社区环境的多元化需求。因此，在我国社区环境设计中，要充分考虑地域环境的多样化、变化性，保护社区内的自然环境和景观，恢复社区内及周围的自然资源，如河流、溪水、岸线、植物、绿化带等。人工生态环境的营造必须考虑到原来住区的自然特点，或发扬、或抑制、或改造，使社区有机地融入自然环境之中，让社区居民产生地方归属感。同时，住区内的建筑，应与周围环境协调，要合理利用土地资源，充分利用天然资源，以达到住宅自然通风、降低能耗、降低使用成本的目的。

2. 构筑多样化的复合社区

多样化是指社区应该包容宽泛的年龄组、不同类型和收入水平的家庭，同时，多样化也意味着社区在工作岗位、住宅、商店的设置和社会活动方面具有多样性。多样化是雅各布斯带给人们的最宝贵的财富，对中国的城市社区发展有很大的借鉴作用。

（1）社区功能的多样化

实际上，自然生长的传统街区并无人为划定，各式各样的功能、多种形态的住宅类型、不同阶层的人群在一起聚合，形成磁石一般的场所。居住、工作和交往都是生活的有机组成部分，我国传统社区中"临街门面，后院居住"的模式就将功能混合的使用发挥到了极致。然而，随着大量进行的"推土机式"的改造，具有丰富功能的传统社区已经逐渐消失。

现代主义的功能分区、火车、汽车等交通工具的出现使人的生活被人为割裂，社区的复杂性被简单化，市民场所、商业网络、住宅机会和自然环境等社区的构成要素被肢解，导致场所生命力的弱化。一些社区的公共设施数量稀缺，生活配套设施不健全；一些大型社区虽然有商业服务中心，但商业规模和服务半径受到限制，使居住在社区边缘的人无法在可承受的步行范围内享受到便利；住宅区域人口与社区周边的就业机会不平衡。

单一功能的土地利用和分割式的管理系统使人的生活领域被割裂，社区的活力需要多样化的土地使用。社区有一个充满活力的经济使居民有机会就业；社区的基本服务配套；居民们可以方便安全地在社区内享受到服务；小区的环境清洁健康；社区的人们生活愉快并对社区感到自豪。

（2）建筑、住宅、人群的多样性

居住、商业、办公活动融洽地共存，社区提供了多功能、多样化的建筑。如在古镇同里，商业、居住和作坊往往就集中在一幢建筑内。

当前，中国城市居住空间分异已是不争的事实。《瞭望》新闻周刊在北京、上海、广州、西安等地做城市问题调研时发现，目前在我国的大中城市，因收入差异而导致的居住区分割现象已越来越明显。高收入群体的支付能力高，市场为了迎合他们所谓对品位、环境等方面的追求，不遗余力地"圈环境""圈资源"。而那些居住支付能力较低的城市贫民和城市新移民，由于无力改善自身的居住条件，只能到偏僻的、位于郊区的地方购买廉价房子。而政府倡导的廉价房不是异化变味成为"高档住宅"，就是位于偏远地点。虽然居住分异古已有之，但过度的分化和人口集聚的单一化无疑会加剧社会的贫富差距，造成社会阶层的隔离。

现在国内大部分学者较为同意一种符合国情的混居模式：邻里同质，社区混合。邻里同质是指在一定的邻里范围之内保持着同一居住人群的同质性，这种同质性包括收入水平、社会层次和共同爱好，等等。在项目实践中可以将经济适用房、廉租房、商品房（联排别墅、低层住宅、多层公寓、小高层公寓和高层公寓等）以组团为单位相对独立，在小区范围内混合，通过不同类型住宅供给总价的差异，吸引不同收入阶层的居民。这样不论年轻人、老年人、穷人或富人都可以找到合适的住宅，实现共同发展。这种混居模式不但可以实现适当人口规模的良性交往关系的建立，而且，多样化的住宅及相应的多样化的消费、休闲及服务场所，为居民提供了多样化选择的条件，丰富了邻里交往内容；更重要的是，通过对社区外部空间、教育、商业和环境等公共资源的共享，增加社区居民相互间的交往和互动的机会与需求，实现不同阶层家庭的更公平的分配，推动社会各阶层的融合发展，"但这种社会结构同质性社区的规模和范围同样重要，同质邻里空间内的人口规模不宜过大，否则会间接遏制居住共同体的凝结"。

（3）具有社区中心的公共空间

当前我国居住社区设计中虽然也认识到居住区中心广场是公共交往的主要场所，但往往过多地强调广场的景观以象征高档社区，一些类似"世纪大道""景观大道"等简单追求壮观视觉效果而缺少实用性的设计手法大行其道，造成实际利用率很低。现代的居住建设应该汲取传统聚落的中心性优点，从而形成具有归属感的居住环境。

社区中心应成为每个社区的心脏，如在中心周围设立服务设施、公共设施；结合居住社区居民的特点，将社区内的广场与商业设施混合布置，开展多样的活动，吸引更多的人群；将社区公园与城市道路、周边绿地有机衔接，布置满足人们需要的设施，如运动器械、垂钓场所、表演场地等，吸引居民有目的地进入这些场地使用它；社区绿地应满足邻里交往和户外活动的需求，布置儿童游戏场所或休息场地，设立城市空间小品和公共艺术品，增加人们使用社区中心的频率，创造居民相互交流的机会。总之，使社区中心满足人们居住、购物和休闲的需要，使人们感觉属于社区的一员。

（4）支持社会交流的公共设施空间

小区公共服务设施是社区成员日常活动的主要场所，也是社区互动活动及公共活动的主要场所。良好的公共服务设施能优化成员的生活质量，促进社区成员交往，促进社区归属感的建立。目前我国居住区的公共设施布局往往从简单满足设施的功能出发，过于强调目的性，公共设施的相互联系极其薄弱，使得各个区域的活动成员相对单一，导致公共生活的单调性，使得交往活动变得困难。

目前，邻里交往活动已由生活功能型向娱乐休闲型转变，不少开发商意识到为住区休憩环境提供良好的儿童游戏和老人活动设施的重要性。顺应这种需求，不少社区加强了对文体设施的建设。一些中、高档商品房都会在楼群之间拥有大块草坪空地。也设置了儿童游戏的场地和老人聊天、健身的设施，但由于外部空间缺乏社会交流，无法形成人群聚集的吸引力。另外，调查发现，现有设施的建设与社区文体活动的开展忽视了青壮年群体的需要。在已有的社区室内活动场所中，麻将室占有较大比例；在室外场所建设中，专门的健身场所，如篮球场、羽毛球场和乒乓球场匮乏。在部分社区，麻将、电视、游戏机成为青壮年的主要休闲活动，使社区与这部分居民的心理距离疏远，社区建设成为与己无关的事情。另外，会所对住区人际交往的活动作用很大，甚至是住区归属感的一个重要组成部分。然而新兴的住区会所定位过高导致大多居民因为其消费高而拒绝使用，形同虚设。建筑师应根据不同人群对室外环境设施的需要，创造一系列能支持社会交流的空间，促成交往的媒介多样化，造就有归属感的社区环境。

公共设施空间的复合性。具有单一功能的空间往往不能满足人们多层次多方位的需求，居民愿意活动的场所多具有复合空间的功能。因此，从单一目的基础设施转向多功能的利用（如自行车和人行道、公园、露天剧场的多功能开发）是必然趋势，比如与文化设施、儿童游乐场结合的休息空间，或是有坐椅的水池周围，都是居民愿意活动与交流的空间。

3. 历史文脉的延续与共生

人们在获得良好的社区自然环境后，进而需要社区环境的文化感受。早期的住区环境文化品味的营造局限于住宅建筑的风格形式，过分崇尚欧化洋风。今天，更多的发展商将目光转向了区域传统文化，塑造自身文化的标识性和认同感。

（1）保持地域文化特色

1966 年，文丘里在其著名的《建筑的复杂性和矛盾性》一书中，就将乡土和地方建筑形式的地位提高到与高雅建筑风格同等的地位，要求建筑师重视乡土风格，重视对古典遗产的研究。回看我国的传统民居，北方的四合院、云南的一颗印、福建的土楼、江南民居高耸的马头墙，无不是由其地理特征和文化背景所决定。宁波的"老墙门"，同北京的四合院、上海的弄堂一样，曾经是这个城市的文化象征。宁波民居，小青瓦，清水墙，梁架古朴，门窗精巧，独具风格。这几年宁波在对永寿街、南塘河、老外滩等老街区的规划中少拆迁多创新，非常注重保留小青瓦、马头墙等传统建筑文化所形成的宁波历史风貌，塑造了兼具江南水乡柔美明秀，与现代港口城市雄浑壮丽于一体的城市特色。

（2）延续历史脉络

我们发现，一些归属感强的传统社区都有其深厚的历史文化，这种历史文化是由时间累积而成，尤其是对一些传统的景观特质维护较好。人们对于家乡的回忆往往十分具体，一条路、一栋楼、一棵树、一条河都会成为代表。这些历史性标记物有着重要的识别和象征意义，虽看似不起眼，但这些痕迹一旦串联起来，并加以保护、留存或是合理运用，所产生的文化价值是新建的人工环境所无法比拟的。随着时代的发展，越来越多的旧民居、厂房等退出了历史的舞台，但它们有的凝结着一座城市里好几代人的生活记忆，是城市记忆和场所记忆的本源。如天津万科水晶城现址原为天津玻璃厂厂址，600 多棵大树、林荫道、大跨度吊装车间、铁轨等沉淀着历史遗迹的元素均被精心地保留，中心位置的旧房被改造为小区会所等公共设施，一些旧的卷扬机、室外消火栓、钢架等重新油漆后作为雕塑小品供人观赏，高大的老式水塔成为社区的醒目标志。一幢老建筑、几排树、一条废弃的铁路、几根柱子等，其被重新焕发出的价值远远超出我们的预先想象。

（3）对传统居住文化的延续与创新

每个城市都有自己的历史，每段历史都有无数珍珠般的闪光点。在所有人都急着向前赶的今天，对于历史，对于其与居住空间的关系，人们的态度也不尽相同。我们行走在不同的城镇，居住小区、高层住宅、街道景观、公共广场，等等，都在展示着这个城镇的过去和现在。只是有些恰如其分，有些却又只字不提，有些又仿佛一味要将我们带回过去。无论是哪一类，都是由设计者、建设者对本土居住历史的态度决定，而这一态度也很大程度上决定了这个城市的基本形态和设计主题。如我国著名的建筑师吴良镛所创造的北京菊儿胡同的"类四合院"就是对四合院的创造性继承的一个典型。

现代城市里的老街老巷对于现代人有着极大的吸引力，原因就在于其散发着历史的魅力，有着高楼大厦所不具备的温情。现代城市居民在物质生活环境得到满足的同时，仍然表现出对中国传统居住文化的渴求。新的社区应吸取和发扬传统社区的人文景观因素，增强社区居民情感意识，回归传统邻里生活。如深圳第五园的设计对中式传统住宅形式进行了现代手法的演绎，利用现代中式院落和中式园林，让天井、前庭后院再现在现代人的生活里面，使人能够联想起过去岁月的生活场景，容易产生归属感。我们多么希望这种传统的居住文化能够传承下来，让"那时""那房""那院"永远跟我们在一起。

（四）万科·第五园

项目名称：深圳万科第五园（图 4-38）

设计机构：CCDI 悉地国际

项目地点：中国，广东，深圳

设计时间：2003 年

竣工时间：2005 年

总建筑面积：492318 ㎡

万科第五园项目位于龙华、坂雪岗和观澜组成的深圳城市中部生活服务发展轴线上，该轴线所穿过的地区定位为深圳特区居住、生活配套与第三产业的拓展区域，是深圳特区外住宅产业具有发展潜力的区域之一。

1. 形象定位

（1）文化定位：万科第五园要打造的不是某某小镇，某某庄园，

图 4-38　万科第五园

而是重拾中国传统民居"天人合一"的哲学理念，用一种"现代中式"去演绎中国人骨子里的民族气息与居住理想，用实实在在的居住模式去唤醒人们对传统民居的记忆，使今天的中国民居既保有传统的韵味又能轻松与世界对话。（图 4-39）

　　一段时期内，在各个高档别墅区，欧美风格几乎呈现一统天下的局势。万科却一直强调"有根建筑"。没有共同文化根基的小镇、庄园最终必将退出主角地位，我们的居住模式必然回归。第五园的出现，使得中国的住宅建筑为之一振，人们仿佛看到了中国传统建筑在现代的再次生长。第五园展现的是传统民居与现代材料、与工业文明、信息文明和谐共生，万科并没有简单粗暴地使用所谓传统元素进行堆砌，更没有将传统与现代进行拼凑，却出人意料地完成了过去与现在的对话，让人们在住宅上找到了心灵的家园。

　　（2）建筑风格定位：深圳作为中国改革开放的最前沿，无论在社会的哪个方面都接受了最多的西方思想。建筑方面同样深受西方、东南亚等地区的影响，没有去深究传统建筑的精髓。万科深谙中国人骨子里的传统民居情结，更秉持"民族的才是世界的"这一真理，努力尝试打造出一个真正实现中国传统民居风格的住宅。在欧式风格、现代简约几乎一统天下的房地产领域，人们开始厌倦不伦不类的柱式和突兀的拱券，还有那些空洞的所谓的简约。万科第五园所做的，不仅仅是一种怀旧，更是对现代人的理解与直击心底的一种满足。"原创

图 4-39　文化定位

图 4-40　建筑风格定位

现代中式"徽派建筑的现代版同时夹杂少许晋派建筑的元素。第五园在现代与传统之间只用了徽派建筑元素中的"墙"来过渡，用徽派空间来表达中国古典园林的"幽"。之所以能实现对传统和西化的超越，就在于第五园建筑的多维视野与审美的统一，既满足现代生活的多种功能需求，又保持经典的中国味。（图 4-40）

在深圳房地产开发中，建筑风格多抄袭欧美、南亚地区，而对于中国传统的建筑文化则没有去继承和发扬光大。万科则坚持"民族的才是世界的"这一亘古不变的真理，潜心研究目前深圳乃至全国的居住意识形态，潜藏在我们骨子里的中国传统民居情愫。真正打造出这样一种产品来实现我们的现代中式居住情结。在欧风盛行的年代，消费者更渴望看到一些中国传统的东西，以满足其对以往事物的怀旧情怀，而万科第五园则通过传统建筑元素、中式园林，诠释和释放国人骨子里的中国情节，直击其心灵深处。

在万科第五园的身上，我们可以看到徽派建筑元素和晋派建筑元素的影子。但是万科第五园并没有简单地复古和照搬传统建筑，而是扬弃式继承，将传统与现代、中式与西式很好地嫁接和结合，以期营造出适合中国人居住的传统居住环境，又可符合现代人的生活习惯。比如在小区已经看不到传统意义上的马墙、挑檐、小窗等与现代生活脱节的建筑手法。但是，个性的白墙黛瓦、变通的小窗、细纹的墙脚、清砖的步行道、密集的青竹林、天井绿化、不可窥视镂空墙、通而不透的屏风、方圆结合的局部造型、青石铺就的小巷、半开放式的庭院、墙顶采光天窗及多孔墙等、承载文化的牌坊、可增加通透性的漏窗、富有文化色彩的三雕（石雕、砖雕、木雕）等与现代生活不背离的设计手法则得到了继承。小区广场阶梯造型处一排5个的古代石雕狮子柱更是原汁原味，而密集的阶梯充满了韵律的动感。空调室外机盖板、江西窑烧青砖等则实现了部品批量制造，闪现现代气息。

①青竹白墙：通而不透、密而不实。中式建筑几千年来，无论是皇宫还是民居，都延续了一个核心的突出的外在表现形式，那就是"墙"，墙内自成一家天地，宫殿有宫墙、民居有院墙、小城有城墙，墙与中国人内敛的性格特征是一脉相承的。尤其是中式民居，长短相异、高低不同、虚实有别的"墙"形成各种组合形式，具有中式民居"外简内繁、外实内虚"的特点，同时，家族等级需要的"礼制"也需要"墙"来实现。当然到了现在，传统民居的具有一定防御功能的高实外墙已经不能与现代生活相适应，但是，其对业主私密性的保障却是难能可贵的。（图 4-41）

②院系村落：中国人的"小天地"情结。在第五园，深刻感受到设计师对于"院落"的偏爱。中国人还是希望有自己的"小天地"，在传统上，中国人讲究院落的藏风、聚气，也符合中国人内敛含蓄的气质。（图 4-42）

③黑白之"素"：心静自然凉。中式民居在外在色彩形式上，千百年来都是非常节制的，"黑、白、灰"三种色彩主宰了中式民居的表情，"素"是中式民居的主要特色。北方以灰为主，南方则以黑白为主，所谓"黛瓦白墙"。而第五园显然在色彩上延续南方民居尤

图 4-41 青竹白墙

图 4-42 小庭院

图 4-43 黑白之"素"

图 4-44 曲径通幽

其是徽派建筑的特色民居。（图 4-43）

　　④功能绿化：曲径通幽和斑驳墙影。园林设计上，第五园在几乎所有的实墙侧、花窗后、小路旁、拐角处种植了密集的竹林。这样一来，业主只能通过密集竹林看到隐隐约约的墙壁，竹丛掩映的曲径通幽和斑驳墙影，顿时缓解了墙的单调、压抑，处理得非常巧妙。宁可食无肉，不可居无竹，竹之高洁品性自古为文人墨客称道，第五园请来了中国种竹的一等好手，负责其竹林的种植与维护，竹文化对第五园的气氛营造功不可没。（图 4-44）

　　⑤徽派老屋：刻骨思乡第五园，遥忆童时堂前燕。小区里有一栋安徽老屋，属纯木质结构，建设在小区北侧，古朴自然，木质建筑能够留存三百年以上很不容易。据说这房子的主人不在了，闲置了十年没人居住过，且将待拆，万科便将这座徽派老屋作了一个异地移植，

搬到了第五园。这徽派老屋据说会被用作茶室、社区文化馆的一部分，成为第五园的有机组成部分，也成为小区主要的风格象征和精神核心。

（3）规划分析

第五园在规划上，首先引进了"村"的规划概念，将整个社区进行了组团式的分区，形成了组团空间的自然过渡。同时通过街坊——街巷——大院——小院——内院的空间过渡，在强调私密性和领域感的同时也为邻里之间提供了充分的交流场所。

①村——在"第五园"的规划处理上，建筑师突出表达了"村"的形态。整个社区的规划是边界清晰的由不同形式的住宅组成的一个大村落。联排别墅组成了两个方向略有不同的主要村落，相邻的由情景花园洋房和多层住宅以及小高层区又分别形成了不同的小村落，通过一条半环形的主路连接起来。各"村"内部都有深幽的街巷或步行小路以及大小不同的院落组合而成，宜人的尺度构成了富有人情味的居住空间，同时也满足了业主渴望拥有一个"小天地"的居住消费需求。

②巷——"第五园"在设计上吸取了富有广东地区特色的竹筒屋和冷巷的传统做法，通过小院、廊架、挑檐、高墙、花窗、孔洞以及缝隙，试图给阳光一把梳子，给微风一个通道，使房屋在梳理阳光的同时呼吸微风，让居住者时刻能享受到一片阴凉，提高了住宅的舒适度，有效地降低了能耗。巷道的另外一个功能就是连接的功能，不仅将各物业单位有机地联合起来，同时也将不同业主的社会关系连接起来，体现了"社会人"的相互交往的、渴望沟通的心理。

③院——建筑师通过 TOWNHOUSE 产品组合形成的"六合院"和"四合院"，情景洋房的"立体小院"（院落＋露台），多层及小高层公寓部分的围合所形成的大院，种种院落形式的采用，着力体现了中国传统建筑中的"内向型"空间，依稀可以感觉到江南住宅"四水归堂"的性格。

在中国传统文化回归的今天，古典建筑的文化越来越为大众所接受，万科第五园引入中式的元素和符号，正是中国人自信心恢复的表现，带动了文化价值和居住理念的回归。单体建筑风格上，将现代生活与传统建筑精粹水乳交融，中国传统建筑主张"天人合一、浑然一体"，追求环境的平和和建筑气质的含蓄，追求人与环境的和谐共生；讲究居住环境的稳定、安全和归属感。在现代中式的中高档精品社区定位的前提下，万科第五园为避免"排排座"布局带来的多次重复、略显单调的立面效果，建筑师利用相互错落的建筑布局，梯次增高的台地变化，形成纵横交错、层层叠叠的建筑组团，立面随自然变化而呈现千姿百态的立面效果和千变万化的空间感受。

万科第五园在沿袭传统建筑精粹的同时，更注重对现代生活价值的精雕细琢，提高居住的舒适度，在设计中考虑私密性，增强采光通风，更有效地提高卫生间、厨房在居室中的地位，更好地使老人、孩子、夫妇间的居室环境合理分隔与有机协调，创造和谐环境。在万科第五园，无论是扬弃式继承以后形成的外在近似、内在神似的建筑风格，还是功能区分清晰的绿化层次，以及青石小巷、挑檐、院落、廊架、花窗、孔洞、高墙、缝隙，等等，都让人无须借助外形就能够感觉到实质，与其用简单照搬的外形影响人的视觉，不如用扬弃式继承影响人的心灵。

第五章 他山之玉

一、日本的禅风与节制

（一）日本禅宗文化

1. 禅宗思想

"禅"是一个蕴含东方智慧和哲学的词，它主张通过直觉的经验和沉思的冥想方式，在感性中通过悟境来达到精神上的超越和自由。禅宗作为参悟世界的一种方法，追求的是众生通过参透自己的心灵来达到以心不变应事物万变的境界，在无言中开始，在无为中完成。

"禅"一词来自梵语"禅那"（Dhyana），译为"思维修""静虑"等，意思是正审思虑，心注一境。禅是一种生活的境界，是一种精神境界，它通过自我身心的调节，来达到主体自我与客体自然地协调统一，达到精神上的超脱和安宁。"无我"，作为禅宗哲学的本质，表达了"随缘任远，超脱自如"的生活态度，以及"万法皆空，人生如梦"的感触。

禅的精神是追求事物的内在本源，主张"禅定"，要求达到"和敬清寂"的心性，从而获得"空"的感悟。所谓"空"即是存在的基础，是直觉的真谛，是相对性存在的依傍，是顺应生命的天性。存在与非存在都共存于"空"的状态，其境界超越了一切源于二元观念的活动，超脱了一切源于依附表象的活动。禅宗认为人的本性是佛性，其解脱状态即是超越"有无"的心灵境界。人们通过不断回归内心的反思内省，来体验意识本源中无思无虑的平静恬淡，将人引入朴素自然的世界观，并在之中体味精神上的超越，从而达到自在的解脱。

禅宗思想中的自然观，是真如佛性的顿时显现，透视出对生命的尊重，其思想中的"悟"，则是人们心中情感与自然相触而得的体会，使人从烦恼中解脱从而达到生命的澄明境界。相对人类中心主义，禅宗则主张"梵我合一"的一元世界观，把生命的神圣及生命的价值统一起来，顺应自然，实现人与自然的共生。正如铃木大拙所说："生命在时间的画布上勾画自己，时间从不重现，一旦消逝，便永远消逝，行动亦然，一旦完成，便永不毁灭；生命是一幅水墨画，一次画完便永远完成了，没有犹豫，没有理性，一切修改都不允许、不可能，在水墨画中，画家的每一划，一旦重复，也就会留下污点，生命就飘然远去了，墨汁一干，所有的修改便暴露无遗，生命亦然。我们的所作所为，覆水难收，流经意识的东西，永远也擦不掉。"

禅宗所提供的是一种直觉洞见的智慧和超凡脱俗的心境，它平静地旁观自然大化的流转，遵循着万物本性的思想，在感性中直觉顿悟："刹那间见千古，平凡中出奇幻，自然中有妙谛，简易中含深趣。"

禅宗与日本本土神道结合形成具有个性特征的"日本禅"，促使日本文化朝着枯淡、苦涩的方向发展，并逐渐形成了以"空寂""闲寂""物哀"为代表的三大文艺理念。"日本禅"已走出"禅房"渗透到日本民族的方方面面，形成了独树一帜的禅宗文化体系。

2. 禅宗审美观在日本民族个性上的体验

日本古典美学在禅文化的影响下形成了三个基本美学原则，即佗、寂、涉。所谓佗，即是简朴，意味着与"喧嚣"相对的"宁静"，与"复杂"相对的"简洁"，与"华丽"相对的"简朴"，它是人们所特有的心灵感受，是超越物质贫乏而达到的审美情境。所谓寂，是指孤寂、冷寂，意味着艳丽事物下掩藏的清静，具有宁静的优雅气氛，这种美同时拥有壮丽和简朴，是模糊的美，是由感觉的融合而产生的余韵美。所谓涉，是"数寄"，蕴含着善、美、好的内涵，意味着"雅兴"和"好奇心"，体现了一种超越现实的、永恒的爱和对美好事物的偏袒。"佗"代表了大胆而戏剧的美，"寂"代表了简洁、非装饰性的精炼美，"涉"代表了综合吸收外来文化的审美处理。三者综合即是日本审美观的整体表述。

日本的审美观随着历史的推移，在禅宗"空"、"灭"、"寂"和原始神道朴素的自然本位思想的影响下，逐渐形成了重自然轻人工，重简素轻繁琐，重闲寂轻热烈，重精神轻形式的个性。同时，以空灵虚无的思想为基础，加上自古以来情愁冷艳的色调，讲求"余情"和"韵味"，注重"冲淡"、"清幽"和"空灵"，并在禅的了悟中得以进一步升华和发展，让人深深感受到了一种属于东方特有的抽象。

禅宗对日本社会文化的各个领域都有着深远的影响，从五山文学、俳句、茶道、武士道、能乐、绘画雕刻到园林建筑艺术等，都渗透着禅文化深邃澄澈的幽玄、淡泊、空寂与枯淡。

禅与园林——日本枯山水是在禅宗冥想的精神世界里构筑出来的"净土"，在禅"空寂"思想的激发下形成一种独具象征性的庭院模式，表现出"无相"及"空相"的境界。抽象化的枯山水往往以石代山，以砂代水，以耙帚理出纹理代表海浪，在修行者眼里它们就是山脉、岛屿、海洋，正所谓"一沙一世界，一花一天堂，一树一菩提，一叶一如来"。日本庭院所表现出的禅宗自然、脱俗、枯高的性格特征，蕴含着"物我两忘"的精神，给人一种寂静、干枯的感觉，进而达到"闲寂"的审美情趣。枯山水不单是一种表现艺术，它更是一种象征和联想的艺术，它纯净抽象的形式给人以无限遐想的空间，于无形之处得山水之真趣，如同一幅立体的水墨山水画，在三维空间中追求二维效果，体现了"有限中见无限"的艺术原理，是禅宗思想在园林的凝聚。

禅与建筑——建筑作为文化的一种载体，必然会受到来自文化方面的熏陶和引导。因此在日本，无论是在传统形式中，还是在现代风格里，都或多或少体现出"禅"的精神哲理。在建筑设计的过程中，"禅"的意境往往体现在建筑师对于建筑"神韵"的关注和把握，消解人工物质与自然环境的矛盾，从而达到表象与精神的统一。

基于这种审美观，日本传统建筑重视清静，即具有崇尚简洁的设计和素材本身的外观；重视明朗，即不是以窗户而是用全开的门向着庭院和道路；重视正直，即木材的垂直与水平组合是直线而忌讳曲线。位于三重县的伊势神宫，依山傍水与大自然融为一体，加上各部均毫无人工的装饰，成为贯彻禅宗精神中"自然为本位"及"至简至纯"美的最好体现。伊势神宫的例子表达了一种自由构成环境的愿望，将"内隐传统"深深根植于"外显传统"中，使民族文化中的审美观及秩序感在精神上代代相传。对于现代建筑，伊东丰雄保持着一种临时易逝的态度，隈研吾致力于将其消隐，妹岛和世则对轻、薄、透情有独钟，石上纯也更是提出"极度模糊"的口号。这种模糊含蓄的美展现了日本禅宗文化独特的魅力，达到了与自然环境融合的效果，是禅宗文化与现代建筑融合的积极体现。

3. 禅观场所·建筑 – 空间

禅观场所——场所在禅宗思想中有着很重要的作用，人们通过对自然万物的观照，来体悟人与自然的相契合一。从禅宗无我平等的思想着眼，在建筑设计上主要表现为一种人工环境与自然环境的有机融合。建筑并不是强加于环境的负担，而是未经装饰的、不规则的自然成分，同时成为自然与人之间和平共生共存的标志。此外，在日本禅的影响下，于建筑和场所间形成一种具有"模糊"属性的过渡地带。日本传统建筑中的"缘侧"空间化作"灰色精神"的理念应用于现代设计当中，成为模糊、没有明确尺度感空间的代表。

禅观建筑——日本禅宗美学精神层面上的简朴或闲寂，在建筑中主要体现在其"雅致"的形式和风格上。其中，"雅致"的形式是指通过简洁朴实的直线、柔和素雅的形状以及对多余物的省略来满足人们内在的需求和身体的舒适；"雅致"的风格则多指摒弃炫耀的细节和不必要的装饰，表达了一种对于天然材料的尊重和欣赏。日本建筑中的拒绝奢华和对于简朴的崇高都被禅宗闲寂的概念及"物质的真实"所概括。此外，"闲寂"作为建筑材料的真实思想，在实践中更加注重展示自身的实质以及适当的功能。以禅的眼光看建筑，使建筑逐渐具有了朴实、谦虚的态度，未经装饰的自然材料和中性朴实颜色的表象，以及绝对灵活又与周边自然世界紧密相连的个性。

禅观空间——根据禅宗思想，建筑由"因缘和合"，因而必然呈现出流转无常的状态，在内部空间中主要表现为空间界定的不确定性和空间功能的模糊性，日本近代哲学家和辻哲郎将其描述为"没有距离的聚合"。禅宗生活方式是流动的，提倡创造宁静，穿越空间却又灵动的足以联系内外环境。在禅宗自然观理念的指导下，建筑在满足防寒御暑、遮风避雨功能的同时，试图实现一种开放的、与自然相融合的存在状态，体现出"淡泊、雅静、自然"的境界。例如在日本传统建筑中，通过滑动隔墙的开启可以将自然与内部空间相联系，使其成为场所的一部分，其设计要点在于对禅宗自然世界的崇尚。

（二）"灰空间"——模糊的魅力

"灰空间"作为一种建筑形式，在现代建筑中的运用要归功于日本建筑师黑川纪章，它的提出与当时特定的历史文化背景有着密切的联系。在当时，由于现代主义的强势和冷漠促使了后现代主义的兴起与发展，技术不再被认为是解决问题的唯一手段，感性思维由此受到肯定与追捧，建筑文化与思想也随之朝多元化发展。黑川纪章就是在这个敏感时期，从本国传统建筑中捕捉灵感，借鉴"缘侧"空间的概念，在日本文化——"利休灰"的思想中寻求理论支持，最终形成了独具日本个性特色的建筑思想理论——"灰空间"。

1. 灰空间的内涵特性

"灰空间"中的"灰"来源于日本茶道创始人千利休所阐释的"利休灰"思想，即是通过用白、蓝、黄、红四种颜色混合出不同倾向的灰来装饰建筑，以达到与周边环境相融合的目的。日本建筑师黑川纪章将利休灰作为日本传统空间与文化的象征，并借用"灰"这个极具过渡模糊的词汇，结合"共生理论"说明了"灰空间"所具有的半室内、半室外的特性。

"灰空间"是以传统建筑中"缘侧"为空间模型发展起来的。相对缘侧空间，灰空间所代表的空间属性及文化内涵更加广泛，在建筑形式上还包括柱廊、骑楼、底层架空等。文中所说的灰空间主要指在"三维"方向上的空间形态，它在满足室内外过渡的基础上，消解了建筑与环境间的矛盾，模糊了两者之间的界限，使得空间形态在层次与性质上都发生了转变。在建筑范畴中，"灰空间"的边界相对模糊，限定较弱，它追求的是一种边缘的、不定的、意义丰富的空间，作用在于激发人与人之间交流的冲动和创造一种可以体会与自然互融精神的情境。

此外，灰空间已不仅仅依靠建筑而存在，而是开始作为一种设计理念应用于各种设计环境中。如园林中各要素之间的转换，自然与人工之间的过渡，以及景观设计中层次的丰富性和景深的增加等都离不开灰空间的参与。

2. 灰空间的表现形式

灰空间是自然和建筑之间形成的"媒介区域"，与相邻空间构成一定的共享关系，并很自然地成为公共领域与私有领域的过渡环节。本书根据灰空间的形态构成，分别从廊、庭、架空、悬浮四个方面来进行探讨。

廊——廊在建筑中担负着一定的交通组织功能，并起着联系各个主体间的作用。根据廊的空间形态可将其分为环绕型和分散型。环绕型围廊与传统建筑中缘侧的"檐下空间"最为类似，一般具有深远的出檐，空间形态细长。在黑川纪章的奈良摄影博物馆中，建筑主要功能凝聚在一个方形平面里，介于外部环境和建筑内部之间的是一个环形围廊。在这里，环绕型围廊既不是室内空间，也不是室外空间，它旨在使建筑物与周围环境之间形成一种"共生"，并伴随着视线的穿透及丰富的光影效果，使得周围的风景透入到建筑中，从而形成一个典型的模糊空间。此外，它还体现了建筑审美与实现节能降耗相结合的新的建筑表现手法，起到一定技艺上的效果。如悬挑的巨大檐部屋顶在沟通了室内外空间的同时，又起到一定的遮阳作用，平衡了内外间的热压。分散型廊在现代建筑中很常见，一般作为放大的交通空间及使用空间，主要用于建筑的入口及附属构件所组成的建筑边缘区域。日本和歌山现代美术馆及博物馆采用简洁的几何形式，以抽象的方式引证传统的檐部造型，使建筑表达了传统与现代的共生。建筑入口凹入内部同时在垂直界面上增加凸出的檐下空间，丰富建筑实体本身层次的同时，为使用者在内外间的转换提供心理缓冲区。

庭——"庭"是指建筑师通过对于光线、材质、以及氛围的把握，使得这种室内空间具有室外空间的感觉，内外之间的边界在此处模糊消解，迷惑性由此产生。在藤本壮介设计的 N 住宅中，建筑是由 3 层大小渐变的"罩"组成，罩上的窗口使得外部景象和视觉空间感随着人的走动而不断变换，造就了"生活就像居住在云朵下一般"的意境。整个建筑作为一个开放性的庭院而存在，光线在无序的孔洞中来回穿梭，内外视线通过切割的窗口不断交织，模糊了房子与周边街道之间的明确界限——让外部空间有了内里氛围，将室内设计营造出外部的意境。罩体的嵌套作为"庭"的一种极端表达方式，是一个相对的概念，不断走近，发现的只是一系列明确而又模糊的空间关系，是一个持续不断的"之间"的顺序，它所追求的是对于私密与公共空间之间的"模糊"意境。正如设计师所说："这座房子已经没有真正的外部或者内部，它的整体就是一个'中间性的'；在这个概念中，这里既不是城市也不是房子，仅仅是一种'中间性'的逐渐变化。"

架空——架空通常指房屋下面用柱子等撑住而离开地面，成为现代建筑中普遍使用的设计手法。架空的运用导致了"灰空间"的诞生，目的在于去创造具有场所感的交流氛围，同时将景观纳入其中，使整个建筑虚实相间并有机地融于自然。此外，在生态方面，底层架空有利于风循环的组织和利用，有效改善了微气候的环境。在长谷川豪建筑事务所设计的"森林空中别墅"（pilotis in a forest）中，通过一系列柱子与横条肋板支撑，将房子挑高到 6.5 米，为居住者提供了与树冠平齐的观景角度。架空底部形成被树木所包围的开放式小庭院，微气候宜人，最大化地保证了地表的原生态，表达了日本文化中对于自然的崇尚与尊重。通过对于支撑柱子的尺寸把握，弱化了"灰空间"的存在感，模糊了建筑与周边环境的边界；像百叶窗一样的地板和天花板模糊了室内外的界限，森林中花鸟鱼虫交织不断的视线和声音盘绕着整座建筑，使得人与自然达到最大化的融合。

悬浮——"悬浮"是指将底层的合围去掉形成直接接触阳光及自然环境的活动空间，常作为建筑与环境之间的连接、过渡与补充，相对于架空给人以更多的飘浮感。在妹岛和世设计的瑞士洛桑劳力士学习中心里，她将"流动"和"轻盈"立体化，波浪形的盒子通过一个个悬浮空间将安静的学习区域与山脉相连，建筑如同一个悬空的丘陵，使用者可以从任何一个方位走进这个"空"的场所。建筑局部的起伏和悬空给人们提供了聚会及交流的场所，正如妹岛的初衷——"想创造一个公园——一个人们可以交流的空间"，同时，流畅宽敞的造型使得建筑与自然以及环境中的活动有机结合，带给人一种饱满的感觉和体验上的丰富性。在建筑内部，波浪形起伏的缓坡地面在代替台阶与楼梯的同时，还作为分界来分割不同的工作区域。学习中心体现了妹岛对于"模糊边界"和"消解建筑"的思想理念，坚持了她所独有的空灵和纯净的建筑风格，特别是对于禅味的冥想空间以及工艺品般的毫无瑕疵的追求。

3. 灰空间中禅宗审美意境的营造

灰空间与场地的良性互动效应把对立多元的个体通过精心的组织和设计融合起来，使其发生内在的互利与和谐，从而达到丰富空间层次，模糊内外之间界限的目的。同时，现代的灰空间设计虽经过简化和提炼，仍旧暗含着日本民族文化的底蕴，即对于禅意空间的营造，它与历史文脉的发展相结合，形成具有地域特色的人文景观。本文选取在环境及禅意空间的塑造中起重要作用的光、水、植物为三个切入点，分析设计师如何通过对于环境因子的把握去塑造意境，从而达到人、建筑、自然和谐共生的目的。

光——光作为世间重要的媒介之一，隐没在自然界的万物中，滋养着我们的心灵，改善周边的自然环境，日月交辉，春秋更替都是光的表达。在禅宗思想中，光是人性的体现，它以一种平和、安静的形式参与到建筑中，使得整个环境与人共融。日本建筑受禅宗的影响，

图 5-1　连接小镇与神社的"洞口"

以灰空间为中介，表达的是一种模糊边缘的界域。在广重美术馆中，隈研吾力图塑造如同"森林般空气的质感和光的状态"，将空间变成多层次的，同时利用美术馆营造的灰空间，作为连接小镇与山林神社的媒介（图5-1）。建筑的房檐高度为 2.4 米，伸出的长度却达到了 3 米，它所制造出的巨大的影子使"墙壁"消失，将内外、建筑与自然融合在一起。作品中最大的亮点在于对光的把握，通过对格栅材料及其尺度的不断试验，观察光穿透的效果，从而决定结构和外层的关系以及光的轻重感觉等，将建筑塑造成一个光的"传感器"。人们在细腻的光与静谧的空间中体会着禅宗"无限"的精神，建筑也因此如广重浮世绘中的"骤雨"般朦胧，分不清自然与人工的界限。

　　水——人们对于水的审美情感是与相应的文化、宗教以及社会生活相结合的，体现为一种动静结合，虚实相生，急中有缓的个性特征。在禅宗思想上，不但以水喻佛，以水修佛，还常常用水做意象，取其动静形态以造意境，明禅理，示禅心。在建筑空间的营造方面，水在带给人音乐般视听感受的同时，过滤了环境中的噪音，还心以平静。此外，建筑师还通过水引导人流，使得人们参与空间的创造，产生联想和心灵感应，满足人们亲近自然的心理愿望。在大阪府立狭山池博物馆中，安藤忠雄以建筑为工具展示出水静止与流动，无声与有

图 5-2　灰空间入口通道与动态水的结合

声的表情。游人进入博物馆，首先面对的是在宁静中蕴含着无限的张力的平静水面。通过细长的灰空间构成的入口通道（图 5-2），视线豁然开朗，开放的内庭充满了动态水的存在，两侧巨大人工瀑布渲泻而下。人们在动线中见水、闻水、触水，不断被水的氛围所打动，加上安腾对混凝土独到的运用，使得整个建筑成为一个诉说关于水的故事载体，同时又宁静地排除外界尘嚣的干扰，听风声、水声、时空交错之声，让心得以沉寂。

　　植物——禅宗认为万物皆有佛性，在塑造禅意的灰空间中巧妙引入植物，可以使人们对自然进行关照，同时在空寂的世界中感悟生命的轮回和时空的无限。繁茂的植物可作为填补空间的要素，使生硬的建筑边界得以缓解，达到建筑与自然的互融。此外，将植物引入建筑满足人们回归自然的心灵渴求，实现物我两忘的精神追求，从而达到禅宗"无我"的审美境界。在西泽立卫的周末住宅中，灰空间作为内置的庭院引入植物，顶部格栅的处理使得光线洒入，加上周边可以整片开启的墙，使得建筑在封闭和开放之间转变，同时均质的空间在概念上使室内外趋于接合、一致。此外，内庭的设置不仅解决了采光和通风的问题，还通过大片玻璃幕墙表面略带迷幻的反光，把外部的绿色环境引入室内，最大限度地消解了内外交流的障碍。植物作为内庭空间中的点睛之笔，在静寂的住宅中展现出生命的跃迁，使得人们随着季节的更替去体味生命的愉悦。

建筑灰空间的自然不同于原生的自然，它是人造化的、建筑化的自然。建筑中禅意的塑造并不是简单的、与自然对话的过程，而是将其抽象化通过建筑的手段进行表达，通过光、水、植物等片段因子激发人们对整个自然的联想，从而使得灰空间成为一种能让建筑之力和自然之力在矛盾中共生的中介环节。

（三）枯山水庭院

枯山水庭院是源于日本本土的缩微式园林景观，多见于小巧、静谧、深邃的禅宗寺院。在其特有的环境气氛中，细细耙制的白砂石铺地、叠放有致的几尊石组，就能对人的心境产生神奇的力量。它同音乐、绘画、文学一样，可表达深沉的哲理，而其中的许多理念便来自禅宗道义，这也与古代大陆文化的传入息息相关。

公元538年的时候，日本开始接受佛教，并派一些学生和工匠到古代中国，学习内陆艺术文化。13世纪时，源自中国的另一支佛教宗派禅宗在日本流行，为反映禅宗修行者所追求的苦行及自律精神，日本园林开始摒弃以往的池泉庭院，而使用一些如常绿树、苔藓、沙、砾石等静止、不变的元素，营造枯山水庭院，院内几乎不使用任何开花植物，以期达到自我修行的目的。

因此，禅宗庭院内，树木、岩石、天空、土地等常常是寥寥数笔即蕴涵着极深寓意，在修行者眼里它们就是海洋、山脉、岛屿、瀑布，一沙一世界，这样的园林无异于一种精神园林。后来，这种园林发展臻与极致——乔灌木、小桥、岛屿甚至园林不可缺少的水体等造园惯用要素均被一一剔除，仅留下岩石、耙制的沙砾和自发生长与荫蔽处的一块块苔地，这便是典型的、流行至今的日本枯山水庭院的主要构成要素。这种貌似极简的枯山水庭院对人精神的震撼力却是极其惊人的。

15世纪建于京都龙安寺的枯山水庭院是日本最有名的园林精品

图 5-3　京都龙安寺的枯山水庭院

（图 5-3）。它占地呈矩形，面积仅 330 平方米，庭院地形平坦，由 15 尊大小不一之石及大片灰色细卵石铺地所构成。石以二、三或五为一组，共分五组，石组以苔镶边，往外即是耙制而成的同心波纹。同心波纹可喻雨水溅落池中或鱼儿出水。看是白砂、绿苔、褐石，但三者均非纯色，从此物的色系深浅变化中可找到与彼物的交相调谐之处。而砂石的细小与主石的粗犷、植物的"软"与石的"硬"、卧石与立石的不同形态等，又往往于对比中显其呼应。因其属眺望园，故除耙制细石之人以外，无人可以迈进此园。而各方游客则会坐在庭院边的深色走廊上——有时会滞留数小时，以在砂、石的形式之外思索龙安寺布道者的深刻涵义。

　　你可以将这样一个庭院理解为河流中的岩石，或传说中的神秘小岛，但若仅从美学角度考虑亦堪称绝作；它对组群、平衡、运动和韵律等充分权衡，其总体布局相对协调，以至于稍微移动某一块石便会破坏该庭院的整体效果。由古岳禅师在 16 世纪设计的大德寺大仙院的方丈东北庭（图 5-4），通过巧妙地运用尺度和透视感，用岩石和沙砾营造出一条"河道"。这里的主石，或直立如屏风，或交错如门扇，或层叠如台阶，其理石技艺精湛，当观者远眺时，其理石技艺精湛，当观者远眺时，分明能感觉到"水"在高耸的峭壁间流淌，在低浅的桥下奔流。

图 5-4 大德寺大仙院

1. 枯山水的写意

枯山水又称假山水（镰仓时代又称乾山水或乾泉水），是日本园林独有的构成要素，堪称日本古典园林的精华与代表。日本人好做枯山水，无论大园小园，古园今园，动观坐观，到处可见枯山水的实例。枯山水之名最早见于平安时代的造园专著《作庭记》，不过这时所言的枯山水并非现在通常所指的那种以砂代水，以石代岛的枯山水，而仅仅指无水之庭。不过那时的"枯山水"已经具有了后世枯山水的雏形，开始通过置于空地的石块来表达山岛之意象。真正的枯山水还是起源于镰仓时代，并在室町时代达到了极致，著名的京都龙安寺庭院就诞生于这一时期。

枯山水堆石"理水"的名目很多，诸如三尊石、五行石、三五七石、九山八海石、佛菩萨石等，但都是从水庭发展而来（枯山水本身就可以视作无水之庭），与日本传统水庭的做法有着一定的联系。但与传统水庭做法不同的是，枯山水将禅宗美学的极少主义精神发挥到了极致，不但舍去水体，也舍去了岛屿、乔木、房屋建筑、小桥汀步等元素，仅留下石块、白砂、苔藓等寥寥几样。（图 5-5）

2. 枯山水以砂为海，以石为山岛

枯山水的造园手法起源于盆景艺术，纯粹以写意手法表现山海之

图 5-5　枯水庭院

意，完全依靠观者的联想与感悟。枯山水以石块象征岛屿、礁岩，以白砂象征大海，白砂上耙出的纹理代表万顷波涛，以苔藓、草坪象征大千世界，以修剪过的绿篱象征海洋或龟蛇仙岛，寥寥数笔，抽象写意，尺方之地现天地浩然，"一花一世界，一叶一如来"，堪称"精神的园林"。枯山水这种极端简约与抽象的写意方式充分地表达了"自解自悟""不着文字"的禅宗哲学内涵，反映了禅宗美学简约、单纯的极少主义精神。相较而言，以儒、道美学为主体的中国园林中的假山也广泛采用了写意手法，以山石的瘦、透、漏、皱来表现峰岭的奇秀险峻，但与枯山水相比，就要"不纯净"得多。如果说枯山水是"极少主义"的，那么中国园林的假山就是"立体主义"的，这正表现了二者美学内涵的不同。

3. 枯山水擅长以小见大，以尺寸之地展天地之阔

与传统园林相比，舍去水体等活跃要素的枯山水是凝固静止的，是"永恒"的，也是了无生气的。枯山水表现的是从自然之中截取的片断，将这种片断凝固下来，使其获得一种不变的"永恒"。这种"永恒"虽然至美，但也至哀。枯山水一方面通过写意手法表现了自然山水的壮美，另一方面也通过凝固的"永恒"来时刻提醒观者这种美的无常与短暂，从而劝谕观者唯有认识并超越这种无常与短暂，摆脱尘世欲念的羁绊，方能达到永恒的精神存在，这大概就是枯山水庭院所要表达的"奥义"吧。

枯山水中的"水"通常用砂石表现，而"山"通常用石块表现。有时也会在沙子的表面画上纹路来表现水的流动。它们常被认为是日本僧侣用于冥想的辅助工具，所以几乎不使用开花植物，这些静止不变的元素被认为具有使人宁静的效果。

我们可以把沙粒也看成一种石头，一种微小的石头，它们因为众多而消失，只有几块桀骜的巨石显现出来。枯山水最先令人想到的不是山水，而是宇宙。宇宙的空灵与神秘。但枯山水的最妙处恰在于它没有水，在于无与有、静与动、少与多的相互介入，当我们看到了事物的一极，也就等于看到了另一极。很像一幅画，画家最妙的一笔往往是他尚未画出的部分，但他已把它藏在自己的笔墨里，在花木山石间，呼之欲出。

"沙"字以水为偏旁，这表明沙与水具有某些共同的属性，比如，洁净。沙粒是干净的物质，一尘不染——尘土是更小的沙粒，因而即使它们落在沙粒上，沙粒依旧是干净的。这使我对沙尘的态度发生了某种微妙的改变。在京都，我发觉人们对于沙粒的运用常常别具匠心，比如平安神宫前面那一大片雪白的沙粒，把深奥的宫殿衬托得素洁和风雅。在这个舟与水的国度，尘沙成为风景的重要参与者。京都仿佛一只透明的杯子，水浮在上面，沙沉于杯底。枯山水就是杯底的沙，带着杯底的神秘花纹。

沙与水的内在联系在于它们都是时间的赋形。人们早已习惯用流水或者沙漏来指代和计算时间。由于生命本身实际上是一种时间现象，因而，沙与生命具有某种直接的呼应关系。可以这样认为，每一粒沙子里都包含着一个真实的生命，我们的躯体也终将消失于尘土中，变成一颗微不足道的沙粒。这使我们与沙子的对话成为可能。无论多么自以为是，我们都不可能大于沙子，在沙子面前，我们只能摆出谦恭的姿态。

沙子上呈现的是最简略的几何图形——直线、方格、同心圆。这是沙子的语言。在东福寺方丈北庭，从平田小姐口中得知，那种棋盘式图案是歌舞伎演员佐野川市松创制的。其实无论每座枯山水的作者是谁，他们都坚守着同样的准则——几何是最完美的图画，它包含着对红尘万物最准确的概括与想象，几何凌驾于数学、物理、美术之上而直接与哲学相通。生活中许多不可思议的事物都是从这些简单的图形里钻出来并开始困扰我们的，所以一切问题都可以通过几何推演而得到解决。

艺术也同样听从于几何的调遣，有点像包罗万象的汉字，简单到极致，就是复杂到极致。枯山水是一部情节复杂的长篇小说，美把自己隐藏在尘沙与顽石中，敏感的人可以从沉沙中听到水的流动和人的呼吸声。

二、北欧的极简与舒适

（一）北欧设计风格起源

北欧，从地理上看，通常指的是瑞典、挪威、丹麦、芬兰和冰岛几国。这几个国家位于北极圈附近，自然气候特点明显，冬季时间较长且十分寒冷。自然资源方面，森林茂密，水资源丰富。这些不仅为当地的人民带来了独特的物产，更为北欧的设计师们带来了无尽的灵感，因此提到北欧的设计，总让人们觉得亲切与自然。

讨论北欧风格，主要指的是挪威、丹麦、瑞典、芬兰的设计风格。这几个国家虽各有特色，但存在极大的共同点。北欧诸国在两次世界大战中受到的破坏极小，社会稳定性高，人口密度又低，人民生活安康富庶。在思想意识方面虽然受到主流欧洲国家的影响，但因其长久以来的农业和手工业传统，又形成了其独具个性的设计风格。总结来说，既功能至上，追求理性，又精致简洁，自然环保，纯粹朴实，充满人文关怀。北欧风格一直以来以其良好的设计品质受到世界范围内的认可，在近些年，更因其低碳自然再次成为设计界的宠儿。

谈到北欧的设计，就不能不提其建筑设计。建筑师们尊重周围的环境，将建筑看作是自然中的一物，与天，与地，与树，与花都是平等的。设计师们都有着极强的环境意识，不仅注重保护环境，保护自然，更将这种理念渗透到设计的方方面面。北欧始终如同一个大花园，大海在其身边荡漾，优雅而富有魅力，松软而肥沃的土地，滋润着万物，几个世纪以来人们在此耕作创造，使整个北欧成为一件具有民族特色的艺术品。

（二）北欧风格的设计理念

1. 以情动人

北欧设计中，家具应当算是最初震惊世界设计界的一类。在1900年巴黎世博会时，北欧家具便展现出了它的现代化与人情味。而当时的芬兰馆，更是由大师沙里宁与校友赫曼·格斯柳斯、阿马斯·林德格伦三人共同设计。北欧的设计有着德国设计的功能主义，但是又将那种理性的近乎冷酷的直线或纯几何形式进行了改良，自然的、植物感的曲线代替了直线，材料上也并非净是工业文明的金属塑料，而是充分运用本土材料，木材、皮草等天然材质是北欧设计的材料主流。这种兼有功能与自然的设计被人们誉为"人文功能主义"，一直以来成为带有浓浓人情味代表的功能主义。

深究这个"情"字，不仅仅是指北欧设计以人为本，从人的需求出发，更是指其具有的深深的民族情怀。反观早期的欧洲设计，以德国为代表的现代主义一味追求理性与简洁，模糊了民族的差异，也忽视了人的情感需求。因此，北欧设计的精髓便是这一个"情"字。从建筑设计，到日常的家具、灯具、日用品设计，都能感受到设计师从使用者出发，又寄托着深厚的民族情感，这成为北欧设计独树一帜的关键因素。

（1）以人为本的人性化

北欧由于地处北极圈附近，很多地区冬季漫长寒冷，黑夜漫长。这样的地理和气候使得北欧人民对"家"极为重视，注重家庭氛围的营造。因此，北欧的居住空间设计、家具、日常用品等充满了浓浓的人情味。

正如前面提到的那样，欧洲主流的功能主义与理性主义在北欧做出了一定的适应性调整，在保证功能第一位的基础上，形式感变得

图 5-6　帕米奥曲木椅　　　　　　　　　　　　图 5-7　纽约博览会芬兰馆

更加丰富，刻板冷漠的几何造型被柔和的几何曲线或是自然曲线所代替，"有机性"更强。这种有机的曲线很多灵感都是来源于自然界中的植物或动物，从视觉效果和心理暗示上都更加具有一种自然的亲近感，也就更具人情味，更容易为人们接受。

　　作为芬兰的民族建筑师，阿尔瓦·阿尔托的设计给人带来的便是这种感觉。当现代主义的国际风刮遍整个欧洲时，阿尔托却没有使用规则的直线与盒子，有机的曲线与曲面常常成为其设计的常客。这背后看似是建筑师有意去柔化现代风格的冷漠，实则更展示出阿尔托对自然、对民族的深厚感情。如帕米奥曲木椅（图 5-6）、维普里市立图书馆的波浪形天花、1939 年纽约博览会芬兰馆的波性墙（图 5-7），直到麻省理工学院贝克大楼的蜿蜒体型，既考虑到功能的需要，又创造建筑艺术的空间雕塑美，同时给人以大海波涛与茂密森林的无限想象。

　　阿尔瓦·阿尔托的经典代表作是于 1929-1933 年建造的帕米奥结核病疗养院（图 5-8）。作为一位功能主义的建筑师，阿尔托在设计时考虑的不是怎样使自己的作品吸引人的眼球，而是真正地考虑疗养病人的需要，建筑的每一个细节都透露着对病人的关爱，阿尔托在设计中使阳光、空气、设施都符合结核病人的需要。正如阿尔托在意大利的一个演讲中，自己曾这样描述帕米奥结核病疗养院："顶棚的颜色

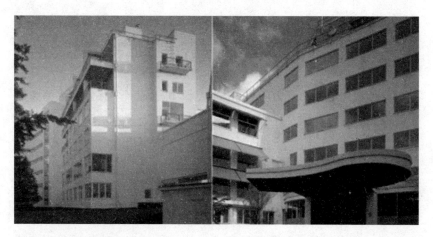

图 5-8　帕米奥结核病疗养院

温馨；布置灯光照明时，避免病人在卧床时产生眩目；在顶棚上设置暖气；自然风通过高窗进入室内；水从水龙头里流出时没有噪声，确保不会影响到隔壁。"再看建筑的外观，整体采用钢筋混凝土框架结构，线条简洁。长条玻璃窗重复排列，形成干净简洁的韵律。最底层采用黑色花岗岩，和白色墙面形成强烈对比。阳台的玫瑰色栏板使得建筑简洁的线条充满跳跃的动感。室内采用淡雅的色彩，细节充分考虑到病人的起居需要，而不是单纯追求理想化和抽象化的造型模式，大大扩展了功能主义的含义。

　　在芬兰的现代建筑史上，有一位与老沙里宁和阿尔托齐名但却鲜为人知的建筑师，他就是比尔蒂拉。比尔蒂拉被誉为是地域主义生态设计方面的建筑大师。他的作品一方面重视形式感，强调形式感能够对周围的环境起到积极的作用。另一方面，他更加重视的是使用者的实际需要，要使使用者在其中感受到功能的便捷和精神上的愉悦。此外，比尔蒂拉的作品被视为生态建筑的早期实践，比尔蒂拉认为材料、质地和色泽都有其自然语境，包括自然形态的一些规则，建筑的作用与其说像立法者更像画素描的人。自然界的次序是多种因素相互作用的结果，在此材料、色泽和外观有其独特的意义，能自由展现。

　　除了建筑，在其他的设计领域，这种浓厚的人情味同样随处可见。如北欧著名的家具设计大师布吉·莫根森是丹麦设计享誉世界中"最重要的一代人"之一，与瓦格纳、芬尤尔和雅各布森 3 人共称为丹麦设计的四大巨匠。他的极简功能设计在半个世纪后的今天，依旧存在着广泛的需求和影响。莫根森的设计理念就是"越简单越好"，他总会试图用最简洁有力的表达方式，来讲述家具中最富有人情味的设计品质。并且他的"好家具应该应该让人人都能拥有"的主张，也随着工业化的普及而广受嘉许。

北欧家具一直以来在世界家居界就享有盛名，因为其设计首选是以人为本，从人性化的角度出发，家具除了具有一定的功能之外，能够给人良好的视觉感受。人类的生活水平不断提高，物质生活极大丰富，人们对家具和一切产品的要求必然越来越高，从物质化到精神化，从功能性到艺术性，而人性化则是这一切的最终归宿。符合人性化的要求不单单指产品符合人体工程学的一系列数字数据，更是指产品更加符合人性，更加贴近人心，人们在使用时除了方便还有精神的愉悦，达到人物合一的境界。

（2）设计中的民族情感

北欧的设计风格，从 19 世纪开始，到 20 世纪初期直至"二战"期间形成，产生的影响一直到今天。之所以能够在这么长的历史时期内保持旺盛的生命力和设计源泉，很重要的一个原因就是北欧设计的民族性。北欧诸国植根于民族，面对不断变化的世界设计潮流，不断地适应与调整，吸收着新的材料，新的工艺，新的手法，但一直保持的是其民族的特点与传统。

阿尔瓦·阿尔托同样是北欧设计中注重民族情感表达的优秀代表。阿尔托设计思想中的民族精神最集中的代表作当属珊纳特赛罗市政中心。珊纳特赛罗市政中心采用简单的几何形式，除有着阿尔托一贯的人性化设计外，在材料上充分体现着斯堪的纳维亚地区的特点。红砖、木材为主材，整栋建筑显得亲切低调，与当时的欧美设计主流不同。阿尔托用自己的方式诠释着芬兰的民族精神，也影响着整个北欧地区的设计走上民族之路，也为世界设计注入了新鲜的动力，这是十分可贵的。

到了"二战"期间，北欧的设计以芬兰为代表，在一定程度上改良了现代主义国际风格的冷漠与不足，使得北欧设计被誉为"诗意的功能主义"和"民族的地域主义"。芬兰建筑的民族性或民族情感体现在两个方面，一是反都市化对自然的追求，另一方面则是时刻注重的淳朴的民族风格。对于比尔蒂拉而言，民族风格的重要体现就是地方特色。

在他眼中，地域特色应当是建筑与周围环境相连又相互区别的独特气质。比尔蒂拉的信条是建筑、地形与大自然的和谐共生。位于芬兰坦佩雷市中心的市立中心图书馆（图 5-9），比尔蒂拉在设计时将其看作是一个复合体，糅进了各种元素。他从芬兰当地文化中寻找灵感，将芬兰民间的一种十分英勇的图腾鸟作为设计的主要元素，通过这种鸟将图书馆与空间、环境、自然进行联系。比尔蒂拉注重形式感，他利用形式感使建筑队环境产生积极的影响，芬兰的本土文化、自然环境为他提供了大量的素材与灵感，因此，他的作品才能很和谐地与所处自然环境相融合，并带给人无尽的心灵的震撼与启迪。

北欧设计强调以人为本，注重人的需求，同时注重民族精神的表达，他们认为这是设计的生命源泉。这种理念充分体现在北欧设计的各个领域，对世界设计界乃至整个社会产生了深远的影响。如北欧设计对自然材料与本土材料的偏爱，大量使用木材、皮草、棉麻织物等材料，再如对于传统手工艺的眷恋，这些看似无比普通的设计条件

图 5-9　芬兰坦佩雷市中心的市立中心图书馆

在北欧设计师的手中被赋予了新的生命，都带着亲切的温度和浓浓的温情。无论是建筑、室内设计还是家具、灯具、日常用品，不仅满足人的使用要求，更具有人情味，能带给使用者视觉的享受和心灵的愉悦，进而使人感受到民族的精神，对自然的尊敬和对生命的热爱。同时，北欧诸国虽具有共同的设计理念，却又存在着国家、民族、个性的差异，又使得北欧设计呈现出多样化特征，这些都成为北欧设计虽看似简洁，却深受世人推崇与喜爱的重要原因，是其经久不衰的生命力所在。

2. 以自然为美

北欧人民的生活节奏较慢，在日常生活中体现着对自然的热爱，希望能够平静轻松地顺其自然地过着居家生活，远离工作的压力与城市的喧嚣。在北欧的室内空间设计中，随处可见的是材料的自然之美，而这种美通过设计师的巧妙设计或被升华，或被隐藏，或被挖掘，总之，处处都体现着北欧设计对材料的尊重，对自然的尊重，这便是北欧设计的重要美感来源——自然。

北欧设计虽以自然为基调，但与新艺术运动时西方如法国等的自然之美并不同。北欧设计有意识地改善现代主义、国际风格中极端的几何造型，从自然界中找寻灵感，以抽象的、柔和的、接近自然的造型去消除直线的冷漠。同时，由于北欧国家森林资源丰富，家具、灯具等产品设计大量使用木材，且淋漓尽致地展现木材本身的质感与美感，使得作品极具自然之美。（图5-10）

（1）天人合一的自然观

在西方的自然观中，自然是服从于人类的，是为人类提供各种资源的，是被强大的人类所征服的。但北欧国家的自然观却与之不同，他们将自然看作人类的母亲，而人类则是自然的产物，他们依赖、热爱宁静的自然环境，喜欢将自己置身于大自然的怀抱之中，与大自然亲近是他们最喜爱做的事情。这种对待自然的态度与中国自然哲学观的"天人合一"有异曲同工之妙。

在这里仍然以大师阿尔瓦·阿尔托为例。他对自然的热爱使其

图 5-10　胡桃木托盘设计

图 5-11　芬兰木屋

作品具有淳朴的自然风格，能够与自然和谐共生，而且阿尔托偏爱自然材料，也同样喜爱使用有机线条。如我们能在他的室内设计中看到大量的木质材料，被广泛运用在天花、墙裙、地板等处，贵金属铜则成为精致的细节点缀。整个室内空间呈现出一种亲切的、柔和的视觉感受。阿尔瓦作为现代建筑设计的大师，在探索民族化的现代建筑道路的过程中，从没有离开过自然的怀抱，这一点从他的很多作品中便能得到充分的体现。如建于 1936 年的玛利亚别墅，被称为"把 20 世纪理性构成主义与民族浪漫运动传统联系起来的构思纽带"。它可与赖特的流水别墅、柯布西耶的萨伏伊别墅、密斯的范斯沃斯住宅相媲美。别墅起居室的设计温馨活泼，天花、地板使用木质材料，就连室外的金属立柱也被藤条环绕，木质和藤质的家具、温暖的壁炉、随处可见的绿植使得整个室内充满着自然的气息。

此外，在芬兰还有一种传统而古老的建筑形式——芬兰木屋，芬兰有着悠久的木屋建造史，它的设计建造已发展到一个很高的水平。比起现代的混凝土、钢材、玻璃等材质的建筑，木屋更具自然的亲和力，被人们誉为"会呼吸的房屋"。芬兰木屋（图 5-11）是一种不可替代的健康环保住宅，由于选用天然的木材作为材料，原木房屋具有良好的环保性，室内可以保持良好新鲜的空气，是真正意义上环保自然的房屋产品。原木材料采用一流的北欧木材，木质优良，这样使得"芬兰木屋"冬暖夏凉，大大地节约了能源。这一特性顺应了现代生活的理念，因此，从本质上，它将受到受众的追捧，到今天仍具有旺盛的生命力。

（2）生态设计

在物质文明高度发达的今天，能源的匮乏和环境的破坏已经成为不争的事实。人们在设计领域寻求更符合环境保护与可持续的设计理念，生态设计、绿色设计成为当下设计师们努力的方向。在北欧，生态设计的探索已经开始了近一个世纪，对于材料的有限性，北欧的设计师们也早就有了清晰的认识。

在阿尔瓦·阿尔托的设计里，我们总能发现他努力地将建筑与自然环境直接建立起桥梁，努力使建筑与周围环境相融合，努力以大自然为范例有机地组织建筑体量的内部关系。阿尔托认为建筑最重要的是与真实的自然相连，将建筑、工业、环境、自然组成一个和谐共生的整体。人们身体与精神的健康不仅依赖物质条件，更重要的是与自然保持着紧密的联系。他的众多作品，大到城市规划、城镇规划，小到社区住宅、单体别墅，都把与自然的联系视为重要主题。除了采光、通风以外，阿尔托还总是努力设计一些使人们能够直接亲近自然的建筑构件，如大露台、大阳台、小花园，以及方便人们到达树林、水滨的小径，等等。

出生于丹麦的约翰·伍重试图将赖特的美国风、密斯的范思沃斯住宅和日本建筑风格融合在一起，创立一种与众不同而又有所创新的风格，事实上，他成功了。他的建筑总是有效地利用周围景观，而不是破坏周围的环境。无论春夏秋冬，他的建筑都与周围环境相得益彰。（图5-12）

赫尔辛基热带花园和环境信息中心的主体结构是独立式钢架系统加防眩光玻璃幕墙，其顶面安装有太阳能接收及转换系统，可将部分太阳能转换为电能，作为日常照明灯用途。

除了建筑，北欧在其优势领域——家具设计也十分注重生态设计。1989年11月，北欧部长会议通过了一项议案：在北欧国家实施一项自愿认同的生态标志计划。在1994年，北欧就颁布了第一个家具生态标准——《木制家具和家具设置的生态标志》。在北欧，环境的保护是家具设计的基础与发展趋势，在设计时，一方面使用无毒无害的材料与辅料，另一方面，用尽量少的材料制作出尽可能多的作品。

图 5-12　伍重的生态建筑设计

　　同时，北欧的自然风光与地理条件给了设计师们无尽的想象力，广袤的森林，浩瀚的大海，蜿蜒的河流，丰富的物种，都是设计的源泉，他们知道如何从自然界的万物中汲取设计的灵感。雅各布森设计的蚁形椅、蛋形椅、天鹅椅；威格纳的孔雀椅、娜娜设计的蝴蝶桌椅，等等，都是对大自然万物的借鉴与升华。

3. 以简约为美

　　尽管北欧诸国的文化和传统背景不尽相同，但每一个设计师都尽力向着共同的理想目标而努力，利用一切合适的技术手段，尽可能地提高公众的生活质量。这使得北欧设计呈现出简单、朴实之美。

　　"为日常生活的美"。而这份"美"应为一般公众所享有，金钱及社会地位从来不是其设计所考虑的重点。在这方面，北欧与西方其他地区的"精英"主义设计有泾渭之别。与此同时，在北欧设计中还体现了人人平等的观念，其设计理念是努力为了社会所有的人，包括残障人士，老龄人等弱势群体。北欧设计师信奉"让日用品更加美丽！"他们的设计简洁、温馨而舒适，体现出对传统的尊重，对自然材料的欣赏，对形式和装饰的克制。

　　（1）简约不简单

　　曾几何时，北欧因其粗陋的住房条件而被戏称作欧洲的"贫民窟"。这种状况深深刺激着北欧设计界，设计师们努力改变这种备受屈辱的现状。设计的方向长期徘徊在传统与现代、注重精巧与务实实用等倾向之间。包豪斯的功能主义深深影响了北欧设计界。他们在追寻简洁的功能主义的同时，并没有忘记传统的手工艺设计，而是将二者完美地结合起来。结果创作出来的北欧设计并不是粗制滥造的拙劣设计，亦不是简单、冰冷的机械功能主义，而是充满和谐、柔性、纯粹而健美的人性化设计。北欧设计体现的是经典杰作的典范，超越了时尚产品只风行一时的结果。

北欧设计不同于美国的商业设计，只注重产品的造型与功能，而是赋予产品更多的文化内涵。简单质朴的产品并非随意的设计。事实上，北欧的任何一种设计，上至建筑、住宅，下至家具、玻璃器皿、餐具、拉手等，任何一个细节都是经过了反复斟酌、推敲之后才开始应用。北欧设计简单而内涵丰富、朴实而时尚，它不仅强调与周围环境的和谐，视觉感官上的舒适，而且还注重产品对人的心灵的抚慰与寄托。这使得北欧设计有着长久旺盛的生命力。

丹麦的贺尔姆贝克的设计不仅给人简约之美，他更喜欢在用户和设计成品之间创造一种情感链接，让两者相互沟通、联动。产品通过设计来诉说，而用户既可以当听众，也可以自己编写故事。如果能够赋予一件平常普通的产品谜一般的特质，哪怕引起消费者短暂的注意，也会令他感到快乐。

哈里·考斯基宁是芬兰继阿尔托、弗兰克等大师之后又一位在国际设计界崛起的芬兰设计英雄。他继承了典型的斯堪的纳维亚风格，更受到前辈大师们的影响。他设计的 K 休闲椅采用钢管为框架，用柔软的织物作为坐面和靠背，缓解了钢管给人的冰冷，赋予这件家具更多的文化气息，简洁的造型充满了人情味。

北欧许多企业与设计师共同倡导现代设计中的"诗意的技术"观念，期望通过技术与艺术的有机结合来提高批量产品的质量。使设计更具有人情味，更具人性化，而不是单纯的简单时尚。例如，丹麦家具企业开始将实木的材质转变为胶合板，并且在桌椅的某些部分采用钢管而形成更为简洁的造型。北欧室内设计并不是一味地追求简单，在采用新技术、新材料的同时将更多的文化内涵注入产品中，在现代快节奏的生活中体现对传统的依恋，对往事的追忆。

（2）大众化设计

"二战"之后，北欧各国人民经过几十年的发展均跻身于世界经济文化发达之列。无产阶级转变为市场上的消费大军，这直接决定和制约着北欧设计的发展趋势和设计风格的取向。北欧设计可以说是这种民主化社会生活在艺术上的反映，为公众提供大众化的美的产品是其设计的基本理念。

受莫里斯思想的鼓舞，瑞典作家及社会学家埃伦·凯于1899年出版了一本名为《大众化的美》著作，首次提出了"大众化的美"，强调通过诚挚及简约的手法来体现美感。这对北欧设计界产生了巨大的影响，北欧设计师们开始将"大众化的美"付诸实践，提出了"为日常生活的设计"。在平凡的世界里找寻幸福的生活，是斯堪的纳维亚人在长期严酷的自然与社会环境中生活所悟出的真谛。

如果一味断定北欧设计为日常生活的美只在于朴实、低廉的产品上，则不仅曲解了北欧现代设计的内涵，亦与事实不符。北欧的优秀设计并非意味着让人们适应朴素的日子，而是为了尘世间"美好"的生活，提升生活的品位。"我们要设计充满欢笑、轻松和高品质的产品，让它照亮人们每天的美好生活！"北欧人本着功能、实用、美感和创新的设计理念，其设计的触角已经进入了人们生活的每一个角落，其宗旨就是对美好生活的设计。比如尼拉兰·库尔玛居住小区住宅设计，该住宅小区由10座半独立式住宅和3座公寓组成，建筑的不同类型则通过不同的建造手法和对立的色彩选择进行强调。这批住宅是用传统方式建造的，底层及中间楼板和隔墙都是现浇混凝土结构，而屋顶及外墙则用木结构，立面用事先处理过的外墙胶合板贴面，并用木焦油进行表面再处理，屋顶则全部由沥青油覆面，通体的玻璃墙系统则用于所有的温室外墙。这批住宅还包括两种室外生活空间，其特征各异，一种是入口处的半公共平台，另一种是上层的与桑拿房相连的阳台。

瑞典的"宜家"（IKEA）始终坚持民主的设计观念，并将其理想——"为大众创造更美好的日常生活"——通过质优价廉的产品传播到世界各地。产品的设计风格比较简约，自然和清新，它的收纳性非常强，适合移动和拆卸等功能，而且价格不是很贵。它在设计的时候，要求实用性强，风格时尚简单而不繁杂，比较符合现在年轻人对生活的品味要求。

汉斯·萨德格伦·亚科布森深知自己的任务是为人们设计日常生活用品，服务于人们的需求才是首要的职责。"对话"椅子系列借鉴明清的圈椅，但又十分简洁时尚。卡斯帕·萨尔多的设计宗旨之一是创造能够经历岁月考验的产品。"叶"是一张专门为孩子们准备的日间床，它形似一张翩翩起舞的树叶，简洁的造型使人浮想联翩。

简约、纯粹的斯堪的纳维亚设计所体现的是一种生活方式。这种都市与大自然咫尺相近的生活方式和其他大都会的生活方式截然不同，它源自几百年前北欧质朴平实的农业社会生活习惯。北欧人对传统的眷恋、对人性的关爱使得北欧设计体现出了"以情为美"的本质需求；北欧人对大自然的热爱、对生态环境的保护、对人与自然的和谐追求使北欧设计与生俱来拥有"以自然为美"的特质；北欧人对民主的渴望、对大众化的美的追求、对家的尊重和依恋使北欧的家居用品利落干净、洗炼而有创意，既体现了北欧人冷静的人文气质，也映射出"以简约为美"的北欧设计精神。

三、东南亚的绚烂与拙朴

1. 东南亚地区气候特点

东南亚地区位于北回归线和南纬 11° 之间，整体上属于热带气候区，常年炎热、潮湿、多雨、太阳辐射强烈。东南亚传统建筑对气候的适应性主要体现在遮阳、通风和防热等方面，其主要的建筑防热途径包括建筑的朝向和总体布局的合理安排、组织良好的自然通风、选择正确的外围护结构材料和防热技术，以及有效的遮阳。鉴于此，东南亚传统建筑一般采用大坡屋顶、房屋周围绿化、通透外围护结构、架空技术、适当的防热材料等。人们将以上基本的技术和材料加以综合使用，提高传统建筑的室内热环境状况，满足生活的需要。

气候适应性是东南亚传统建筑在建筑技术方面的最重要特点。在科学技术不发达的时代，东南亚地区的先民们利用对大自然的观察和丰富的生活经验，创造了很多利用当地基本材料与适应东南亚热带湿热气候的建筑技术和方法。

2. 东南亚风格的起源

展开世界地图，东南亚国家的地理位置很特殊，处于非洲、欧洲、澳洲、亚洲几大板块的交接地，大陆板块的地震作用导致了板块破裂，号称"千岛之国"的国家在东南亚国家中不少。东南亚总共有11个国家：越南、老挝、柬埔寨、缅甸、泰国、马来西亚、新加坡、印度尼西亚、菲律宾、文莱和东帝汶。除了个别国家不临海之外，这些国家都有着长长的海岸线，海域集中在印度洋中。

在世界范围内，东南亚的地理环境和自然条件使它没能产生出具有辐射力的地区文化，首先是大量移民的进入对当地文化发展的影响；第二是中世纪以来阿拉伯文化和西方殖民文化的影响，因此形成多元化的殖民地风格。此外，东南亚是笃信佛教的地方，佛像也就成为家中不可或缺的陈设，保佑平安之余，也别有一番视觉美感。

3. 东南亚风格的属性

东南亚风格是一个比较独特的殖民风格，长期处于殖民地的状态使东南亚国家的建筑和室内装修受殖民统治的强烈影响，呈现出多元化的趋势，风格大致可分为两种：一种是融合中国风的，一种是掺杂欧式风的。由于中国的地理位置、文化等方面与东南亚联系得更为紧密，各种要素的整合也更加容易融会贯通，因此，目前在市场上可见的东南亚风格和中国元素的融合更为常见。大多数东南亚国家都是虔诚的佛教徒，宗教因素对其建筑和装修风格影响深远，从而形成东南亚风格独特的、神圣感性、优雅而神秘的精髓。（图 5-13）

图 5-13　泰式家具（1）

4. 东南亚风格的装饰要素

由于东南亚国家在历史上受到西方国家殖民的长久影响，而其本身又具有浓郁的东方文化色彩，所以呈现出的特征就是将多种风格巧妙地融为一体。由于东南亚风格注重细节与软装饰，通过对比达到强烈的视觉冲击，比较常见的方式是混搭，如在其他风格的整体环境中加入东南亚的一个元素，或以东南亚风格为主线将其他的元素融入其中。无论是与中式或欧式糅合，或融入现代或古典的元素，它都能做到张弛有度。

（1）华丽绚烂的软装饰

色彩的对比是东南亚风格家居设计的重大特色，造型和材料中的色彩对比使得质朴的样式和材质体现出层次分明、有主有次的效果。鲜艳的色彩，细腻柔滑的布艺与优美沉稳、质朴的东南亚风格的家具搭配相得益彰。材质自然、质朴的家具与明亮的金色、迷人的暗红色、神秘的紫色、豪华平静的墨绿等色调的布艺相搭配，隐晦地揭示出神秘高贵的异域气息，营造出浪漫和简单的空间。

各种各样的手工制品在东南亚十分常见，但其独特的魅力使得各种藤、草、竹、棕榈树叶等简单的材料可以变化出丰富多彩的饰品，将其放置在空间中立马就将整体的风格定位于东南亚风格。印尼木雕、泰国锡器被用作装饰的重点，为塑造浓烈的异域风情增添了浓墨重彩的一笔。

东南亚风格总是在隐约中透露出神秘的魅力。这就像一个调色板

图 5-14 泰式家具（2）

一样，将奢华和颓废、华丽和低调等情绪调成醉人心脾的色彩。一般来说，东南亚风格继承了自然、健康、休闲的生活基调，空间的造型设计与装饰细节无不体现了其尊重自然、崇尚手工业生产的理念。极具东方特色的混合式家具，多彩、形式多样的软装饰，通过对比来营造气氛，不盲目追求豪华抑或是沉迷优雅；主张"轻装修重装饰"的装修理念，同时保证浓烈和优雅并存的精神。

（2）独特民族形态特征的东南亚家具

东南亚家具强调自然生态的材料，如就地选择的原料藤、麻、海草和椰子壳等都是东南亚家具的重要材料，造型上讲求线条舒展，色彩上讲求自然生态，处处体现出东南亚尊重自然的设计。家具材质中凝聚着"道"的精神，体现"平常必即道"的禅意。

东南亚家具具有倾斜和曲面的形态特征，是直与曲的完美结合，即刚中有柔、柔中有刚、刚柔并济的艺术对比结合，这是东南亚家具的设计中常用的艺术反差组合手法。东南亚笃信佛教，所以东南亚家具具有的金字塔般的形体特征，来源于对佛塔的崇敬以及与之一脉相承的建筑艺术。泰国建筑、室内空间中的造型元素均受到这种类似金字塔般、斜面围合的造型特征的影响，在天花板和支柱、灯和床头等都可以在其形态中找到构成要素，其造型特征是笃厚平静、飞扬的精神信仰的外在表现。东南亚家具给人的感觉是随性自在，舒适轻松，如影随形般地追随着自然万物。（图 5-14）

5. 室内空间装饰物件与家具搭配

（1）装饰品

室内设计在划分各大功能区域时可以没有明确的区分界限，但视觉效果上，可以从天花板的吊顶、装饰品的选择和摆设等进行划分。所使用的特色装饰，要与各功能区的整体装修色调协调统一或形成强烈对比。装饰品是最突出个性的空间设计元素，在装饰品的选择上追求东南亚的"自然气息"或者浓烈的异域风情，可以选择各种藤、草、竹、棕榈树叶等简单的材料变化出丰富多彩的饰品，或东南亚红色漆器，金色、红色脸谱，手工敲制的铜片吊灯，使每个空间具有自己的特色，也从视觉上对功能区间进行了划分。

（2）设计中的材质

据研究资料，大部分东南亚风格家具设计的材料都是柚木，柚木是东南亚地区最珍贵的材料之一，具有含油量高、膨胀收缩率小的特点，在多雨的热带比较合适使用。在厨房设计中，因厨房也属于高温多湿的环境，厨房家具刚好利用柚木的特性作为材料，打造不易变形、防水、耐腐蚀的厨房家具。东南亚风格的家居用品还广泛使用实木、竹、藤、麻等材料，采用这些材料更能表现出房间自然休闲的设计理念，让人感觉如同沐浴在阳光雨露中一样，感觉到放松、舒适。

家是在劳累了一天后得以短暂放松身心的所在，所以在选择家具时，要避免天然材料本身可能带来的沉重的压力，注意选择家具的样式，简单、大气的设计成为避免气氛压抑的最佳的选择，再通过摆放与之相呼应或相对比的装饰品以舒缓压力，使之得到释放。不得不说设计中应该尽量选择简单的外观，色彩搭配以中性色，然后用色彩绚丽的软装饰来烘托气氛。

东南亚风格很容易给人一种风格过于浓烈的压力，看起来过于夸张的效果，因此在材料、装饰元素等的运用上不能过于杂乱，这会让空间显得累赘、沉闷。东南亚风格追求自然，木、藤、竹等天然材料成为东南亚风格材料的首选。东南亚饰品的形状和图案更是与宗教、神话相关，因此显得更加神秘莫测，香蕉叶、大象、菩提树、莲花等是其图案的重要组成部分。

6. 东南亚风格家居设计的要点

东南亚风格的家居设计以它的自然之美和浓郁的热带雨林民族特色而成为后起之秀，特别是在与其自然条件较为接近的珠三角地区受到热烈的追捧。东南亚风格的设计之所以如此受欢迎，正是因为它独特的民族魅力和浓烈的异域风情，使其在简约风格的流行浪潮中别具一格，满足了现代人追求个性的心理需求，迅速成为人们跟随的设计风格。

（1）师法自然

人类社会从初级阶段开始，从未停止过向自然学习的脚步，人们在生活中发现了美的自然规律，因此学习自然、师法自然是人们的本能反应，从建筑行业的角度来讲，师法自然就是从自然界中寻找一切可以利用的因素进行仿生的设计，仿生的建筑设计是将自然界中动植物与工程技术相互渗透结合而产生的设计方式，用以建造具有生物体的外在特征或者具有生物体的内在结构形式的空间环境。不但从外形上具有与自然界生物相似的特征和象征性意义，还具有科学合理的结构特点。在东南亚地区建筑文化的表现中，常常模仿自然界动植物的结构规律，通过夸张变形，达到抽象仿生的目的，因此这样的建筑具有结构上的科学性。

东南亚各国多为岛国，岛屿与岛屿之间最主要是通过船只往来。鸟在该地区人们心中升华为一种图腾，代表着神灵降临福佑，保护海上行驶的船只安渡危难，所以东南亚岛屿建筑多以鸟类进行仿生，建筑屋顶多为长脊短檐的形式出现，屋脊又高又细伸向天空中，像只大鸟展开的巨大双翅，从外观上就像一只鸟要从地面飞向天空。在结构上具有防雨遮阳的效果。另外，长脊短檐的屋顶也是为了吸引鸟在上面降落停留，以便于借助从天而降的神灵来庇护住宅和人们的居住安全。同时，当地居民还用鸟的形象作为屋顶的装饰图案，也体现对鸟的崇拜和对神灵的依托。

除了对鸟类的崇拜外，对牛的信仰在东南亚地区也很突出。牛在东南亚地区早期是专供肉食来源，逐步变成一种财富的标志，把牛引进到建筑当中，建筑的屋顶设计成牛角造型，既是对财富的象征，又有祭祀作用，还具有一定的房屋装饰作用。东南亚的能工巧匠们受鸟和其他动物形象启迪而不断地改进建筑的形式和形象。在这些生物的造型基础上不断地模拟加工，使之与功利观念所期望的形象发生联系，在当地技术水平并不十分发达的情况下，把对形象的追求凌驾于建造工艺之上。

（2）用材天然，别开生面

这是由于东南亚地区地处多雨富饶的热带，地形又以岛屿、山地为主，家居产品就地取材的缘故，用材偏爱以天然的木头、藤、陶罐、石材为主。其中，以柚木家具最具特色。柚木被称为"万木之王"，是世界著名的珍贵木材，柚木含油量高，膨胀收缩小，越用越光滑。在墙面处理上也非常注意体现自然粗犷的效果，泥质感觉的墙面，棕榈叶图案的壁纸，纹理质感突出的和风壁纸，鹅卵石铺就的墙面与地面，都很常见。

东南亚风格主要以宗教色彩浓郁的深色系为主，如深棕色、黑珠色、褐色、金色等，令人感觉沉稳大气，同时还有鲜艳的陶红和黄色等。受到西式设计风格影响，浅色系也比较常见，如珍珠色、奶白色等。（图5-15）

以柚木为代表的天然材质颜色深沉，整个东南亚风格装修中以黄色和白色为主色调，同时兼有多种色彩。家具以深木色为主；布艺方面，突出绿色、紫色；配饰上，金色非常抢眼。深色的家具与艳丽的颜色搭配相得益彰。在东南亚风格中，你几乎可以找到所有颜色的影子，大自然的斑斓色彩也被崇尚自然的东南亚风格装修引入居室之中。（图5-16）

（3）造型混搭，典雅禅意

从取材上看，东南亚风格家居陈设用品大多来自本地丰富的自然资源：竹子、沙石、木头、藤蔓、水草甚至是椰子壳、贝壳都被当地人巧妙地应用在家居陈设中。而家居饰品一般多选用宗教色彩的佛头、石雕或者地域特色工艺品。藤木结合就是最典型的东南亚搭配，采用印尼优质的藤蔓和实木相结合，这样的材质搭配，体现了东南亚强烈的地域特征，散发着当地浓烈纯朴的自然气息，具有强烈的"混

图 5-15　藤木结合的椅子　　图 5-16　起居室混搭风格

搭"效果。这些地域性的材料本身散发着浓烈的自然气息，具有强烈的视觉和触感效果，为后期的家装设计奠定了材料基础。

从设计上看，设计师十分注重形式美和语言的表达，在统一与变化、复杂和简约、节奏与韵律、比例与尺度、形态构成的秩序感等方面都做得恰到好处。这些构成要素使得东南亚家具不仅具有东方的拙朴，同时具有西式的典雅。东南亚家居装饰十分注重在统一中求变化的形式美的语言，家居的整体风格设计十分简洁，色调统一，但是在家居的局部注意变化产生趣味性和生动性，比如说在家具的局部经常进行传统手工的雕饰，使得家具既具有整体的形式美造型，也具有值得品味的局部细节，这些都体现了东南亚家具拙朴自然的艺术语言。

从制作上看，大部分家居装饰品和家居采用多种不同材料混合组合而成，比如在家具上藤条与木板、木条与皮条进行组合，这样材料之间因材质不同形成了质感的对比美，多种构成和编织手法的混合应用使家居饰品和家具成为一件件完美的艺术品。

（4）功能多样，舒适实用

东南亚各国地处低纬度地区，太阳直射，常年 27 度左右的高温，另一方面雨量丰富，非常潮湿，所以家居生活必须注意防霉防蛀以及通风透气。印度尼西亚、马来西亚等国盛产优质藤蔓，藤是生长在热带雨林中的棕榈科攀援植物，最长能生长出上百米乃至两百米的藤蔓，这种藤蔓质地牢固、韧性好，最大的特色是吸湿吸热、自然透气、防虫蛀、不易变形。东南亚家具和家居饰品利用藤蔓的这种特性，采用藤编制品或其他材料与藤编结合来制作家具或者各种家居饰品，就具有了藤蔓夏热清凉透气，冬冷不硬，防虫防蛀，坚固耐用的材质特征。在东南亚家居陈设中，一般用藤蔓缠绕骨架或者编织成椅子座面、靠背面和床面等，如与木材、金属、竹材、皮质等混合使用，则进一步制成各种形式的家具。简单制作的藤艺家具一般尺度较高，结构单纯，缺乏张力和典雅之美，而东南亚现代家具不仅传承了传统优良的编制技术，更注重人体生理、心理的满足感和审美情趣。

（5）风格融合，彰显东西交融之美

东南亚家居陈设在风格上保留了东方传统文化和手工艺制作方式，并应用西方现代设计理念，设计出最大程度的舒适、自由，又贴合现代生活的东西方家居的共生。从东南亚各国的发展历史来看，除泰国外，印尼、印度、菲律宾等国家都有被西方殖民的历史，当地家居设计在西方殖民者常用的鲜艳颜色、百叶窗和改良后的陈设，这些弱化后的西方符号与当地的藤、木、竹制品融合在一起，有一种独特的新魅力（图5-17）；菲律宾在东南亚国家中有着最敏锐的现代时尚触觉，以其最精湛的工艺技术为热带风格做出了全新的诠释。菲律宾一直以来就因品类繁多，极富热带色彩的手工艺而闻名于世，同时，欧式古典风格、美国现代主义风格、亚洲土著风格、宗教风格都是菲律宾人文血脉中不可分割的部分；印度有着悠久的历史文化，家居设计有着地域性的装饰特点，绘画语言和古典建筑的符号在室内空间大量出现，由于受英国文化的影响，也十分注重人性化的空间设计，不再过分追求装饰效果，转而注重空间的亲和力和功能性。泰国崇尚佛教，有着"拈花微笑"的智慧，在家居装饰上也应用水晶灯、西式家具，但室内普遍用佛头和佛像进行装饰，明白无误地表明了这是佛的国度。（图5-18）

（6）装饰对比，体现色彩与肌理的运用

东南亚的家居陈设在色彩和肌理上搭配也是独具匠心，一般会保留木材本身的原色和纹理，不同的材料组合在一起本来就会产生美

图 5-17　卧室的混搭　　　　　　　　　　图 5-18　客厅

丽的颜色和肌理的碰撞，除此之外，还应用色彩鲜明的织品和软饰进行搭配，得到更绚丽的效果。色彩是自然界外貌的一部分反映，涉及人的观看，就会涉及物理学科、生理学科、心理学科以及文化学的领域。色彩是引起共同的审美愉悦的形式要素，它所具有的表现力直接诉诸我们的感情，是视觉表现的重要语言。肌理是指材料本身的肌体形态和表面纹理。肌理是质感的形态要素，是物体材料几何形态的细部特征。在色彩和肌理表达上，东南亚家具喜欢通过对比达到强烈的视觉效果，就像东南亚地区热带风情的大自然色彩一样，斑斓旖旎。东南亚人民十分钟情于大自然气息的木材作为原料，在他们眼里每一种木材都有自己的灵性，那流淌的纹理，质朴的色泽，都是木材传递情感的语言。橡木、柚木、杉木等也都是适合制造现代家具的原料，其大多为褐色等深色系，在视觉感受上有泥土的质朴，加上布艺的点缀搭配，使得整体气氛相当活跃，而本白的越南麻色、带有贵族气息的泰丝、印度尼西亚色彩斑斓的绸缎，等等，都把东南亚的风情表达得旖旎多彩。

　　总之，位于赤道附近的东南亚各国地处热带地区，太阳直射雨量充沛，这里不需要厚重的墙来遮挡寒冷，所以他们的家是一个开放性的空间。起居室的开放式是东南亚热带家居的核心部分，住宅的其他部分可以看作起居室的延伸，开放式空间的特点就是起居室至少两面没有墙壁，有的甚至四处通透，坐在家里就可以看见室外的葱绿。室内的陈设也需要相应地与开放式空间相呼应，所以当地出产的藤椅、竹椅、木躺椅、藤木沙发、各色木质的茶几是必不可少的家具，同样是为了和室外相呼应，这些家具的颜色在东南亚风格中一般都会保留原有的颜色不加漆饰，最终达到室内外的和谐。但是东南亚风格也不是单调的，在软装饰上用艳丽的紫红、明亮的鹅黄、清脆的果绿，等等，用来点缀和协调原木色的沉闷。在物件摆放上，东南亚家居喜欢选用本地区有代表性的佛头、象牙、石雕、瓷器和西洋风格的烛台甚至是油画进行装饰。东南亚风格是人性化理念在现代家居生活的应用，注重传统材料和手工性，注重个性空间，注重不同质感材质在细节的表达，实际上是一种注重自然原味又符合现代舒适感的自由居住精神。

第六章　展望

一、智能家居增添别样诗意

如果有一天我们的生活是这样的：

6：30，家里的智能中控系统被唤醒激活，和你一起迎接清晨的第一缕阳光；

6：45，主照明灯具自动点亮，窗帘缓缓拉开，美妙的背景音乐响起，又是一个舒适的自然醒；

10：30，工作之余开启手机看护系统，查看家中情况，远程打开窗帘，让家沐浴满满的阳光；

17：20，家中烤面包机自动启动，开始准备香喷喷的面包；

18：35，输入指纹开锁，灯光、音乐同时打开，都是你事先设定好的最舒服的状态；

20：10，门铃响起，电视画面自动切换至门口的监控录像画面，原来是好友来访，一键"迎宾场景"，家中的设备自动以欢迎状态迎接好友的到来。

这就是智能家居带给我们的。在未来的生活里，傍晚下班，您在车上用手机拨打家里的电话，遥控打开了客厅里的空调和浴室里的热水器，回到家中，马上就可以享受到清凉或温暖，并洗一个舒服的热水澡；晚上，您用家庭影院欣赏最新购买的大片，只要根据预先设置好的场景控制功能，按下遥控器上一个按键，窗帘就会徐徐拉上，灯光自动调节到柔和的亮度，同与此时，电视机、DVD 机

图 6-1　智能家居

进入播放状态。(图 6-1)

与普通家居相比，智能家居不仅具有传统的居住功能，同时能够提供信息交互功能，使得人们能够在外部查看家居信息和控制家居的相关设备，便于人们有效安排时间，使得家居生活更加安全、舒适。智能家居的最终目标是让家居环境更舒适、更安全、更环保、更便捷。物联网的出现使得现在的智能家居系统功能更加丰富、更加多样化和个性化。其系统功能主要集中在智能照明控制、智能家电控制、视频聊天及智能安防等。每个家庭可根据需求进行功能的设计、扩展或裁减。

1. 智能家居发展现状

随着人们物质生活水平的提高，对家居环境的要求也越来越高。作为家居智能化的核心部分——智能家居系统越发显得重要。家居智能化是未来社会发展的必然趋势，有望在未来形成一波产业浪潮。

智能家居最早源于美国，而我国发展起步较晚。从 20 世纪 80 年代至今，智能家居先后经历了家居电子化(Home Electronics，HE)、家居自动化(Home Automation，HA)和智能家居(Smart Home，SH)三个发展阶段。1984 年，世界上第一幢智能建筑在美国康涅狄格州落成。到 20 世纪 90 年代后期，智能化住宅开始在我国兴起。近年来，智能家居频繁地出现在各大媒体上，一时之间成了人们耳熟能详的词汇。但是，通常媒体上常见的有关智能家居的介绍，事实上却误导了人们对智能家居的认识，使人们不知道如何将其与自己的家庭联系起来。

其实智能家居是一个居住环境，是以住宅为平台，利用有线和无线网络平台通信技术，包括综合布线系统、安防系统、背景音乐（广播）系统、灯光窗帘控制系统、空调 VRV 控制系统，以及家庭影院控制系统等；将家居生活有关的设施进行集成，构建高效的住宅设施与家庭日程事务的管理系统，从而提升家居安全性、便利性、舒适性、艺术性，并实现环保节能的居住环境。

智能家居为住户的生活带来便利和实惠，提高了人们的生活品质。在安防、节能、智能控制、娱乐、医疗、教育等生活领域，智能家居正发挥着越来越重要的作用。相较于前几年一味地炒概念，目前不少国内外厂商都已经研制出了能满足实际应用的产品。

2. 智能家居设计控制原理

家庭智能终端：它集成了智能家居的所有子系统，功能强大，是家里的总控制器。对外与别墅门口机连接，实现可视对讲、门禁开锁；与户外监视器连接，实现周界的视频监控；通过互联网、电话网络可与外界信息交互，实现网络远程控制，电话自动报警等。对内通过无线网络，控制灯光照明、家用电器、电动窗帘、家庭场景设置；通过布线与各种探测器、监视器连接，实现家庭防盗、燃气泄漏报警，网络远程监控。

智能照明控制：实现对家庭照明轻松控制，具有集中控制、灯光情景控制、组合控制、远程控制等功能；可以根据自己的喜好，随意进行个性化的灯光设置，创造不同场景氛围。

智能家电控制：实现对家中电器的智能控制，使用一个遥控器即可对电视、空调、热水器等家电控制，也可利用固定电话或手机实施远程控制。

电话远程控制：将家中电话线与电话远程控制器串联，即可接收来自远程电话的语音控制信息，按照预先约定的按键操作，用户可在任何地方，通过使用固定电话或移动电话对家中的空调、电灯、热水器等家用电器实行远程控制，同时，它不影响电话的正常使用。

智能电动窗帘：用户可以本地手动，也可以使用遥控器、家庭智能终端、电话远程、网络控制窗帘的开启、关闭。

3. 智能生活的具体场景

（1）家庭娱乐。科技的进步促使人们的生活节奏日益加快。在如此快节奏的生活下，人们的身体和精神极易疲劳，尤其是精神上，当社会给予的约束难以释放时，大多数人会选择虚拟世界，通过游戏释压。在游戏中，你可以成为"一人之下万人之上"的治世能臣，也可能是"统领千军万马"的上将元帅，但由于技术条件的限制，人们只能通过输入设备来传达我们的指令，并不能真正地身临其境。而随着虚拟现实等技术的发展，人们可以直接通过身体语言来进行游戏，像是挥手、跑、跳等动作。试想，通过虚拟现实技术体验雄鹰遨翔于天际的独特视角，抑或是置身于球场和 NBA 明星打一场篮球赛，抑或是足不出户体验异域风情。种种这般立体、独特的视角，很难让你再回到平面的游戏中，游戏的方式也从动手、动脑，转变到了全身的身体感官。

（2）亲情关爱。生活节奏的加快，导致了年轻人疲于工作，忽略了身边的家庭，甚至是不远千里背井离乡，再加上越来越多的老年人处于"空巢"或"独居"状态，需要有人照料。《常回家看看》《时间都去哪了》也唱出了社会百态，透露了太多的落寞与无奈。然而随着视频通话等技术的发展这一状况得到了改善，通过电话，父母不仅可以听到声音，还看得到家人。纵是一言不发，默默通过视频看着我们工作，父母也会得到满足。在他们眼中，我们好像又变成了还在上学的孩子，只是在卧室做作业，距离只是从客厅到卧室，而不是相隔千里。也许未来透过可穿戴设备，父母可以在你千里之外的家里走走，给你烧烧水、喊你穿秋裤，甚至摸摸你也未尝不可；你也可以随时掌控父母的身体状况，提醒他们按时吃药，注意身体。

（3）家庭服务。电影《I, Robot》中所展现的未来家庭场景，相信大家还记忆犹新，里面各种各样的机器人为人类提供了全方位服务。随着家用机器人技术的发展，这将不再只是电影，其实现在已经有扫地机器人、电子宠物、刀削面机器人，就连工厂中也开始大批使用机器人，机器人已变得越来越智能，越来越灵活。未来你也可以过那种衣来伸手、饭来张口，凡事都有人伺候的帝王生活。试想下未来拥有机器人的生活吧，当你回家以后，有女仆机器人为你脱下外套，换好拖鞋，吃着厨师机器人为你做好的可口饭菜，娱乐机器人会陪你打游戏，清洁机器人帮你打扫卫生……这种如皇帝般的生活，想想还有点小激动呢！

（4）宠物照看。孤独、寂寞也许是现代社会部分人群的代名词，宠物已不再仅是消遣之物了，它们更多地扮演了家人的角色，同时也需要我们的关爱。很多时候，我们无法直观地感受它们的喜怒哀乐，但随着智能项圈等智能设备的出现，根据这些智能设备反馈的数据，能直接知道"宝贝儿"的身体健康情况，以及它们的情绪变化，再也不怕因为言语不通忽略掉它们心情，就算是碰见"二哈"这种表情帝也能得心应手。其实不单是读懂表情这一点，通过智能生活产品，也许能够量化宠物的饮食，合理安排宠物的饮食，甚至检测健康状况；也许你还能够通过视频，和"宝贝儿"打个招呼。

（5）家居环境。"雾霾"已成中国最广泛关注的大事件。大环境我们一时难以改变，但是自己的家，你是拥有完全控制权的，透过智能生活产品你可以改善自己的一亩三分地。糟糕的环境严重地影响着我们的身体健康，长时间暴露在有污染的室内环境中，对我们的身体百害而无一利，而我们不能通过肉眼感知，却可以依靠智能设备监测室内环境，不仅可以锁定污染物的来源，有效地改善空气质量，通过对湿度、温度、二氧化碳、氧气浓度的智能调节，让我们一直处在最适宜的家居环境中。

（6）身体健康。可穿戴设备可以说是智能生活的前哨产品，大多设备都瞄准了个人健康管理，从简单的计步，到紫外线检测、心率检测；而越来越多的设备，也开始向医疗领域发力，像是智能血压仪、智能体重仪。未来就医看病，也许可以不用"望、闻、问、切"，透过时时的健康数据查询，就可以诊断出病因，甚至提早警示身体出现异常，如果医院和家庭实现网络对接，在你回家时，就已接到医师开据的处方快递（药片）。当科技足够发达，未来的智能生活便可提供在家看病就医，而无须专门去医院；对于一些分秒必争的疾病，更可极大的提高治疗效率，保障我们的健康。

（7）家庭安全。当你决心来一次说走就走的旅行时，你总会对空无一人的家放心不下。通过智能设备或许可以解决这一问题，为你提供基本的防盗措施或是预警，让你在外也时时掌控家庭状况，通过一系列的探测传感器，在出问题时可以第一时间得到消息，通过家庭与警方的连接第一时间报警，警方可通过互联网调取远程监控录像，让盗贼无可遁形；完善的家庭安全系统还可以借助你随身的设备，提示你外出未锁门或是燃气阀门没有关闭，你亦可远程锁闭大门或是关闭燃气阀门开关，一切都悠然自得尽在掌控。

（8）能源管理。如上描述的诸多场景都需要依托接入云端24小时保持在线，你会心存疑虑这样下来电费是否吃得消。作为智能生活，在能源控制方面不仅要做到智能，还要经济。通过智能家居系统能够根据情况自动切断待机电器的电源，既不打扰正常生活，又能做到节能。据统计，如果每个家庭都能及时关闭待机电器的电源，将极大地减少能源损耗。像偶尔忘记关灯、关空调等常事，借助能源管理技术，家中的智能空调、智能LED灯等智能家居设备将能够统一协调工作。在我们离家时家里的智能设备将可以自动断电，甚至做到在我们从客厅进入卧室这短暂的时间，客厅的智能设备将自动关闭，卧室的灯将自动打开。

在上述的八种场景中，人们的生活将因智能生活而获得极大的提高。在我们享受科技带来的高质量生活时，我们也应注意到智能生活将极大地放大人们的惰性，减少家庭间人与人之间的言语交流。

一是人与人之间变得更加冷漠。如今几乎人均一部手机，不论走在哪里你都会看到"低头族"。据一项调查显示，人们平均每6.5分钟就会看一眼手机。大多数人都体验过，在同学聚会或是和朋友出游时，即使距离尽在咫尺，面对面的两个人也会各自低头玩弄着手机，人与人之间面对面的交流正逐渐减少，取而代之的则是冰冷的文字或是一条语音。虽然青年人正享受着科技带来的便捷生活，但老年人对此却无所适从，一家人吃个年夜饭，儿女只顾拍照发微博、发朋友圈，孙女孙子只顾争抢 iPad，谁来和老人说说话。科技的飞速发展并不能从根本上改善老人的孤独，更容易让我们忽略父母的感受。扪心自问，有多少人在过年时就是上述状态，对着手机一遍一遍地刷新着微博和朋友圈。当我们被更多的智能设备蒙蔽双眼时，请还要想起远方父母对我们的思念。

二是影响青少年的健康成长问题。这两年平板电脑、智能手机等智能移动终端的普及，占据了我们工作和生活的大部分闲暇时光，甚至是工作时间，再加上其本身的趣味性和娱乐性，很多成年人都深陷其中，更不用说毫无抵抗力的小朋友了，只需一台平板电脑很快就能让不安分的孩子安静下来，还记得此前的一个电视节目，一名记者仅用一台 iPad 就将第一次见面的八名小朋友带离幼儿园。目前大多游戏都具诱惑性，且极易成瘾，而青少年往往不具备较强的自律性，容易被游戏中的暴力、色情等不良因素所诱惑。据统计，中国近视患者已占世界的 33%，其中青少年近视率为 40%，远高于世界平均水平。作为家长，更应该注重培养他们丰富的兴趣爱好，寻找实实在在的生活和学习乐趣。

4.智能家居的发展趋势

（1）无线传输技术大显身手

我们的城市建设正逐步在向智慧城市方向发展，而这其中智能化的进步，直接带动了相关产业的发展，其中智能化家居的普及，正随着其技术发展越来越走向现实。在我们的生活中偶尔会出现，比如说哪里灯忘关，电视忘关等一些小生活细节问题，而未来智能家居系统的普及就可以很好地解决这些问题，我们只需要通过手中的相关设备就可控制家里的一切操作，带来非常便捷的生活。而要实现这些控制技术，就需要无线网络传输大显身手了。

以前，传统的智能家居采用有线通讯方式传播，需要破坏墙体结构，凿壁布置线路，而且在墙外有密密麻麻的线头，有碍美观，需要专门的施工人员进行操作，施工周期较长，成本高；尤其不能让人容忍的是，消费者看到有新的智能设备，想要更新升级，比较困难，需要重新破墙布线，而需要售后维修时，难度更大，由于线路埋入墙壁，不能及时准确地检测出故障和修复，颇让人头疼。

相比较而言，随着物联网技术的进步，无线智能家居则表现出明显的技术优势。配备基于 ZIGBEE 技术的智能家居，主人只要拿着手机就能进行远程控制家居设备，就能过上懒人生活。让人满意的是，它不需要扒开墙壁，布置纷繁复杂的线路，外观简洁大方，只要具备初中以上学历，就可自行组合安装；自动组网，设备扩展性强；成本低，功耗低，符合现代家庭绿色生活理念；维修方便，保养得力，可以及时有效地发现故障和维修，让客户满意。

可以说，在两种技术来说，是一种相辅相成的关系。我们对智能家居的要求提高，无形中就推动了无线传输技术的发展，而无线技术的发展，其效果则在智能家居运行的过程中显现出来。两者相互促进，相互发展。

（2）ZigBee 技术大放异彩

如今的智能家居功能确实强大，改变了人们的生活方式。事实上，智能家居的发展并非一帆风顺。20 世纪 90 年代，智能家居从欧美传入到国内，也曾刮起一股旋风，打出一些智能旗号、模糊概念，一度让很多消费者掏了腰包，但时间一长，就因为智能化程度不高，密集布线，价格高昂，服务不及时，受到消费者的抱怨，没能被市场认可。

直到物联网概念悄然兴起，智能家居才重新迎来了春天。特别是国际风行的 ZigBee 技术在国内迅速推广，为无线智能家居提供了技术支持，智能化程度大幅提高，客户拿着电子设备就能搞定日常生活。相比传统智能家居，这种智能家居优势明显，不需要密密麻麻的布线，更不需要破坏墙体，只要具备初中以上文化者根据说明书自行安装；自动组网，设备扩展性能强；功耗低，成本低，符合现代生活理念；售后服务更是周到及时，能够准确及实地诊断故障给予修复。

相关业内人士表示，ZigBee 是一种低成本、低复杂度、低功耗、高安全、近距离传输的双向无线通讯技术，最大的特色是自动组网，具备扩展性强特点，能够嵌入各种家居设备，这是蓝牙、WIFI等所不能比拟的。

物联网专家中国工程院院士邬贺铨表示，随着先进科技不断崛起，智能家居正朝着网络化、信息化、智能化等方向发展，功能不断强大，而且使用简单，操作顺手，极大地方便人们使用。伴随着智能家居行业标准的制定，预计在不久就能出台，有望进一步摊薄研发成本，提高产品性价比，从而推动普及速度，预计未来3-5年，智能家居将迎来发展高峰。

（3）物联网成智能家居发展分水岭

目前，物联网的建设已经上升为国家战略，作为物联网产业链中的重要一环，智能家居无疑会从中得到不少利处。先是去年的物联网"十二五"规划的发布，提出了国家重点发展和扶持的九大物联网应用领域，其中就包括智能家居。接着又是今年国务院鼓励民间资本投向物联网应用。作为物联网领域下的朝阳产业，智能家居正好赶上了这趟顺风车。

家居生活迈向智能化是必然趋势，因此，智能家居作为一个蓝海项目，前景不可估量。随着物联网、云计算等新兴技术相继进入智能家居行业，众厂商也各自形成了自己的特色产品，价格也逐步向平民化的趋势迈进。从有线到无线、从概念炒作到应用实施，智能家居经过十几年的发展历程，终于实现了质的跨越。未来的智能家居，将会更好地为用户服务。而物联网则成为智能家居发展的一道重要分水岭，将对智能家居的发展方向、产业规模进行拓展和延伸。物联网时代下的智能家居将更加具有发展潜力。

（4）家电企业引领智能家居升级

家电IT化潮流势不可挡，智能化已成各大电视企业抢占行业地位的核心领域。全产业链优势的综合型家电企业，从率先建设智能电视平台，到率先推出智能语音搜索引擎，再到升级基于物联网技术的"智能家居"，在智能技术领域不断突破，成为掌控行业智能创新动向、推动产业智能升级的引领者。

据了解，家电企业已围绕智能产业链系统，建立了全国最大的智能软、硬件开发团队，完成基于云端服务平台的整个商业模式和平台整体框架设计等。同时配合其提出的"简单、好用"的消费理念，在全国建成了3107个智能体验中心，大力推进基于物联网技术的"智能家居"，为用户带来了前所未有的娱乐视听体验。

不难发现，家电企业智能平台上成果不断。如自主研发的全球首款智能语音浏览器，荣获CMMI5全球软件开发能力最高认证，这也是整个中国家电业的荣誉。基于这一核心技术，家电企业率先推出了颠覆传统使用习惯的电视，受到年轻主力消费群体欢迎。

"在未来的发展格局中，智能电视的智控技术还将被运用到白电领域，使得智能全产业链日趋完善，实现'智能家居'领域的全面领航。"一位业内专家表示。据了解，目前家电在智能白电产品方面，业已完成智能冰箱、智能空调技术平台的搭建。

（5）云计算让智能家居功能更强大

目前来说，国内采用云计算技术的智能家居厂家有海尔、物联传感，海尔更多的是从整个智慧社区来考虑，而物联传感却是国内外首家将云服务引入智能家居当中的企业。

通过云计算，用户不仅仅可以实时查看住宅内的风吹草动，并且可以对其进行溯源处理。比如说，若是家中有人入侵，即便嫌疑人逃遁，也能根据各项传感器反应的时间，调出准确时段的录像记录，为警方提供破案依据。同样，通过对家中各类智能插座、智能开关的数据统筹分析，便能够实现对家庭的能源管控，制定出节能环保、方便舒适的家电灯光使用计划。

"云服务除了向用户提供大容量的数据存储空间之外，同样担负了更多更关键的作用！"物联传感的技术人员表示，"智慧生活如今已经逐渐进入到人们的视线之中，并且，将会在更多更广泛的人群中实现，在智能化的家庭生活中，无线网络无时无处不在，云计算可以确保用户在任何时间、任何地点得到最快捷最安心的服务，通过云计算，用户真正就是上帝。通过云计算，家庭将会成为一个开放的云平台，手机、平板电脑、个人电脑等终端都能够实时分享信息，锁定关注的焦点，以满足用户关于安防、舒适乃至社交方面的需求。当然，根据用户的实际需要，该系统也能向用户提供实时看护、电子健康能服务！随着物联网的进一步发展，以及智慧城市、智慧医疗、智慧交通等产业的发展壮大，智能家居将会在物联网时代发挥更大更积极的作用！"

（6）必然趋势：数字化对讲与智能家居的结合

在可以预见的未来，楼宇对讲将会更多地增加一些智能家居的功能，将集安防、家电控制、信息服务、娱乐为一身，从而使得楼宇对讲系统发生质的改变，两者会更加紧密地融合起来。

与纯模拟系统不同，数字/模拟混合系统在单元内采用成本较低的模拟设备，主干网络则采用基于以太网的数字 TCP/IP 协议进行联网。数字/模拟混合系统是当前解决大型社区联网最经济、有效的方法之一。大型社区的联网拓扑结构有很大的自由度，网络调整十分方便，并且成本合理，性能稳定，维护简便，因此数字/模拟混合系统得到较快发展。

数字/模拟混合组网方式是当前最经济实用的工程解决方案，在短期内会是大型社区楼宇对讲联网系统的首选。其解决了长距离传输以及模拟联网通道阻塞限制等问题，得到较好的音视频效果，相对于纯数字系统以及模拟系统，此种方式具有明显的价格优势；并且此种网络结构便于平稳扩容，联网性能稳定。虽然数字/模拟混合组网方式有诸多优势，但其受到整个物理平台的限制，终端设备是模拟产品，在功能以及联网方面有很难逾越的障碍，数字化社区以及与多系统的集成方面主要得依赖于 TCP/IP 纯数字可视对讲系统。单纯对讲潜力是有限的，关键要和三网合一融合，提供综合智能家居管理平台和数字安防系统一体化的解决方案才算一个飞跃。在这个系统中，物业公司的管理水平，民众的接受程度，网络运营商的前瞻性思维缺一不可。总体来说，在国内智能家居系统的发展与可视对讲系统的发展出现了趋同化现象。就发展趋势而言，智能家居与楼宇对讲同样由小屏幕到大屏幕，并朝着触屏控制发展，外观上要求更美观、更漂亮，安装上要求更符合家居环境，更节省空间，功能上要求更丰富。

楼宇对讲与智能家居的结合，在某种意义上来讲可以说是楼宇对讲系统从模拟到数字化发展的必然产物，对讲的数字化从根本上打开了对讲系统的发展瓶颈，使得智能家居与之结合成为可能。而对讲与智能家居系统的结合又进一步提高对讲系统的增值空间，系统的性价比也得到了提高，从而使新系统的推广应用更加广泛。未来智能家居的发展方向应是以实用、易用为主。随着智能家居配套技术的不断成熟和产品化，数字化对讲必然在其功能上实现与智能家居系统更加深入的合作，在更宽广的范围内结合，以实现更多的功能。

（7）智慧城市的出现推动智能家居发展

一个有"智慧的城市"，其必须有一个前提，那就是家居的智能化。在今年1月份，国家首批90个智慧城市试点名单披露，国内迅即兴起一股"智慧城市"建设热潮，多个城市开始把智慧城市当作未来城市发展蓝图来打造。而湖南省有株洲市、韶山市、株洲市云龙示范区、浏阳市柏加镇和长沙市梅溪湖国际服务区赫然在列。

智慧城市的出现，加快了智能家居的普及速度。这主要体现在人们生活水平的不断提高和对新科技不断的认识。智能家居的出现让生活真正的"安全"起来。与普通家居相比，智能家居不仅具有传统的居住功能，还能优化人们的生活方式，帮助人们有效安排时间，增强家居生活的安全性，甚至为各种能源费用节约资金。

在21世纪的今天，人们向往更舒适、更安全和更便捷的家居生活。"人在外，家就在身边；人在家，世界就在眼前"——海尔智能家居的广告词较好地概括了智能家居为我们生活所带来的改变。目前，虽然智能家居还无法像科幻电影中的场景那样彻底改变我们的生活，但是越来越多的智能家居产品和应用的落地，正在给我们带来一个又一个惊喜。

二、定制家居凸显个性

"张扬个性，拒绝平庸"成为越来越多的现代人追求自我、实现自我价值的一种口号和行动，他们在工作、生活等各个方面孜孜追求着，尤其对占其人生历程三分之二的居住环境的个性色彩的追求更加强烈。

对于家居中个性色彩的热衷是近年来不少设计师孜孜不倦的追求。如何将家居的设计巧妙地融入业主的个性色彩之中，让家居个性和业主个性相互依存，相得益彰是设计理念的焦点，也是难点。如果能够让固定的东西给人以动感，就应该给物以生命的慧眼。因此，在设计理念上张扬业主和设计师自己的个性和气质，在装饰文件里面展示自己独特的内函，应该是家居个性化自觉的追求。

目前，家居的求同性基本淡化，个性化倡导已成主流，应该大胆吸收、借鉴国内外先进的设计理念，将中国传统家居的精华与西方现代审美相结合，抓住每个人洞穿人心的灵感。让装修的每个元素都变成快乐的音符，形成自己独具个性特色的设计风格。在设计理念上应打破思维定式，使风格趋于多元化，根据消费者不同的个性、喜好和要求，或典雅华贵、或纯朴自然、或现代恬静、或间约风尚……创造出充满个性色彩的健康时尚的人性家居。

1. 个性化家居设计理念

关于个性问题，恩格斯曾指出：文艺批评的最高标准是"这一个"，那么"这一个"说明了作品的创作在表现上的唯一性，也就是说一个优秀的作品，它只能适合于这一个特定的时间、地域、环境、人物，而离开了这些具体因素，作品所表达的语言就不适合于其他地方。真正优秀的作品应该能够表现个性，而有个性并具有时代性和社会性的作品，就同时具有了普遍性。个性化从审美的角度来讲，它虽然有相对统一的审美标准，但不在审美趣味上强求一律，而是形成各自独立的风格。在创造个性化家居的时候，要考虑诸多因素，比如功能布局、装饰风格、家具灯具及艺术品陈设，等等。各个部分需完美结合，在各个细节上体现出设计师对业主的理解与尊重。

同样，衡量设计的好坏以人性化与否为基础，建立在人性化基础之上的个性化才是家居设计难能可贵的品质（图6-2）。推动人性化家

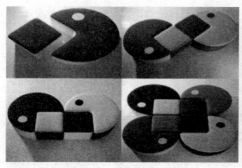

图6-2　个性化家居定制

装意识的同时，在古典风格中加入现代元素，让整个空间更有活力；或在中式风格中添加欧式元素，打造成异国情调。无论哪一种个性化的空间，最终是要创造出更舒适的生活环境。家居设计的目的是创造良好的室内环境，那么作为设计师应始终把人的要求放在首要的位置上。每个人由于地域、文化、性别、职业以及受教育程度、生活经历的不同，审美情趣和空间要求是不同的。有偏爱庄重典雅的，有喜欢浓妆艳抹的，有钟情于素面朝天的。由于个性化的差异，使艺术风格也变得丰富多彩，设计的流派形形色色，人们对于家的理解也因价值观和审美观的不同而不同。因此设计师应该悉心去倾听业主在功能上的需要和审美上的需求，使设计为人创造一种家庭构架，可以让人们按自己喜欢的方式和意愿而生活，在精神上也找到归属感。

　　家居装饰的设计风格应该与室内环境的总体设计风格始终保持一致，同时又要与展现人的艺术个性保持一致，这是新时期给家居装饰设计提出的更高要求。布置一个有个性有品位的居室不是件容易的事，因为这其中没有什么规律可循。简单地说，可以不拘泥于传统的装修方式，敢于创新，自成一种富有个性的装饰风格。个性化的设计敢于打破传统模式，给居室空间带来意外的效果。当然也要考虑业主的年龄、性别、职业、受教育程度等综合因素，否则只强调了个性化忽略了人性化，年轻人或许可以接受，年长的人们估计是很难接受了。如用于建筑外墙的装饰可以用于年轻人的家居装饰，粗犷的肌理、稚趣的涂鸦配以透明或金属材质的家具，个性十足。长辈们的家居装饰，一般则要细腻、安静、雅致，太热闹的居室会引起血压升高、心跳加速等不舒适感。

2. 定制家具的优势

（1）满足个性需求。在传统营销模式中，家具企业往往根据简单的市场调查，跟随家具潮流进行家具研发生产。但这种模式生产出来的家具不是尺寸不符合要求，就是款式不能满足个人偏好。而家具定制将市场细分到个人，根据个人要求设计家具，消费者就是家具的设计者之一。可根据个人爱好提出一些特定要求，如颜色搭配、个性化规格，等等。

（2）有助于准确把握风格。大多数"准装修族"其实并没有太多装修经验，也没有成型的设计思路，很多人只是从报刊、网络或者别人家里了解了些基础知识，跟设计师沟通时也只是拿着户型图，这就导致了设计师不能够很好了解你的喜好，只是延续着自己原有的设计风格，有的甚至把原来的方案直接应用到装修中。而定制好了家具再选设计师就不一样了，你可以带着设计师先去看中意的定制家具，并且把尺寸也告诉他，这样设计师可以通过家具具体了解你喜欢的风格，也会把产品融到他的设计中，使整个家居风格统一。设计师还会根据家具的尺寸做一些居室格局上的变动，这样就不会出现为了迎合设计风格而忍痛割爱某些家具的情况了

（3）减少不必要的开支。定制家具是一种有效控制装修成本的做法。装修过的人都知道，最后的装修款式基本上都超出原来预算，因为在装修过程中经常会有一些不可预支的增项，比如会莫名其妙多了几个柜子，耗工耗料自然也就多了，工期加长不说，还得多掏钱，这在装饰公司最初的报价单上是体现不出来的。

（4）体现主人品位。对现代人来说，家具不仅是一种实用品，更代表了一种生活态度。定制家具越来越受到消费者的认可。定制家具，既可以合理利用家中的各种空间，又能够和整个家居环境相匹配。如整体衣柜定制，可以将衣柜嵌入墙内，配上适宜的推拉门，衣柜就和整个装修风格浑然一体，并且还可以根据主人的个性特别定

制，充分体现主人的品位。

（5）结合生活习惯。随着社会的发展，科技的日新月异，消费者越来越注重生活品味的提高，家具在讲究实用的基础上，其艺术价值和审美功能也日益凸显出来。作为整体家具的一个升级版，全屋定制个性突出，在设计的过程中讲究和消费者的深度沟通，能充分地结合消费者的生活习惯和审美标准。

定制家具的方法有三种，一种是依照顾客或者家拆设想师的要求，配合拆修风格设想家具款式，这类设想是完全个性化的，以至能够细化到家居空间的每一个数据和细节，达到丝丝入扣的效果；一种是现有元素组合，即在家具卖场中找感觉，把喜欢的材质、布料、款式、格调由博业设想师重新整合成新作品；还有一种是原版复制，按照杂志或者网络上的家具图片，制造出现实造型。

3. 定制家具的注意事项

现在很多人盲目追求个性，只考虑个人喜好，忽视家人生活习惯，这种盲目性忘记了家具本身的存在意义，做好了用起来也不会舒服。因此在定制家具前，需要考虑以下几个因素：

第一，家庭成员的数量和情况。如果房子面积有限但人口略多，家具在造型上就要简单点，体量要相对小。或是可拆分，平时不用的时候占用的空间较小。比如可升降台脚、可折叠桌脚等。

第二，家具风格与装修风格一致。做什么风格的家具在装修前就应该确定下来。在颜色、材料的选择方面需要特别注意。注重个性的家庭可以选择五金家具配件，因为五金家具配件韧性强，延展性好，设计时尽可依着设计师的艺术匠心，充分发挥想象力，加工成各种曲线多姿、弧形优美的造型和款式。五金家具配件中许多品种具有折叠功能，不仅使用起来方便，还可节省空间，使面积有限的家庭居住环境相对地宽松、舒适一些。在颜色的选择方面也可以考虑金属家具，金属家具的表面涂饰可以说是异彩纷呈，可以是各种靓丽色彩的聚氨酯粉末喷涂，也可以是光可鉴人的镀铬；可以是晶莹璀璨、华贵典雅的真空氮化钛或碳化钛镀膜，也可以是镀钛和粉喷两种以上色彩相映增辉的完美结合。比如电镀桌脚，铝合金转椅，不锈钢台脚等，都可以涂饰出各种绚丽的颜色。

　　第三，制定合理的预算。开价比较低或砍价特别容易的厂家不要考虑。看似便宜的家具千万要小心，表面上也许看不出什么毛病，使用一段时间后便可悟出"一分价钱一分货"的道理了。所以前期根据自己的实际需要，做充分的市场调查是很必要的，预算在定制市场上合理即可，要知道好材料哪里都不便宜。

参考文献

1. 彭一刚 . 中国古典园林分析［M］. 中国建筑工业出版社 . 1989.

2. 周维权 . 中国古典园林史（第二版）［M］. 清华大学出版社，1999.

3. 章俊华 . 内心的庭园［M］. 云南大学出版社，1999.

4. 吴娅林 . 禅宗思想对中国艺术的影响［D］. 东南大学，2004.

5. 金学智 . 中国园林美学［M］. 中国建筑工业出版社，2005.

6. 谢添宇 . 禅意空间在现代景观设计中的应用研究［D］. 中南林业科技大学，2012.

7. 迟金颖 . 师法自然，设计空间 – 探索自然元素在室内设计中的运用［D］. 山东师范大学，2013.

8. 麦克哈格 . 设计结合自然［M］. 苗经纬译 . 中国建筑工业出版社，1992.

9. 邓云乡 . 北京四合院［M］. 中华书局出版社，2015.

10. 陆翔，王其明 . 北京四合院［M］. 中古建筑工业出版社，1996.

11. 张姣婧 . 传统北京四合院在现代生活形态下的继承与发展［D］. 南京理工大学，2009.

12. 肖红娜 . 中国传统建筑北京四合院的审美意蕴［D］. 中南大学，2005.

13. 邵辉 . 传统与现代民居研究 – 以北京四合院为例［D］. 河北师范大学，2007.

14. 倪苏宁.论苏州园林空间的艺术特征［D］.苏州大学，2002.

15. 秦岩.中国园林建筑设计传统理法与继承研究［D］.北京林业大学，2009.

16. 金学智.苏州园林［M］.苏州大学出版社，2007.

17. 居阅时.庭院深处［M］.上海三联书店，2006.

18. 曹林娣.中国园林文化［M］.中国建筑工业出版社，2005.

19. 王澍.设计的开始［M］.中国建筑工业出版社，2002.

20. 周顺裕.王澍建筑作品中传统元素运用研究［D］.中南大学，2012.

21. 鲁璐璐.论王澍的建筑风格［J］.艺术时尚，2014.

22. 吕锦春.上海九间堂别墅建筑作品（现代园林大宅）– 对传统空间类型的延续［J］.建筑建材装饰，2015.

23. 王其亨.风水理论研究［M］.天津大学出版社，1992.

24. 亢羽.易学堪舆与建筑［M］.中国书店，2002.

25. 丁文剑.建筑环境设计与中国古代风水理论［D］.河海大学，2003.

26. 克里斯汀·史蒂西编.日本：建筑·结构·环境［M］.大连理工大学出版社，2009.

27. 隈研吾.自然的建筑［M］.山东人民出版社，2010.

28. 刘文.模糊边界 – 禅文化与日本现代建构的融合［D］.东南大学，2012.

29. 贾艳丽.禅与设计之道 – 浅谈禅意风格及其对现代设计的影响［D］.辽宁师范大学，2012.

30. 王受之.世界现代建筑史［M］.中国建筑工业出版社，1999.

31. 查尔斯·詹克斯.当代建筑的理论和宣言［M］.周玉鹏译.中国建筑工业出版社，2005.

32. 刘先觉，汪晓茜.外国建筑简史［M］.中国建筑工业出版社，2010.

33. 路瑶.北欧现代建筑的地域性探讨［D］.东南大学，2003.

34. 刘婕.北欧现代可持续建筑研究［D］.青岛理工大学，2012.

35. 全峰梅. 东南亚传统建筑的技术特征分析 [J]. 广西城镇建设, 2010.

36. 高永刚. 庭院设计 [M]. 上海文化出版社, 2005.

37. 李晓波. 庭院景观设计研究 [D]. 河北农业大学, 2013.

38. 束定芳. 隐喻学研究 [M]. 上海外语教育出版社, 2000.

39. 季广茂. 隐喻视野中的诗性传统 [M]. 北京高等教育出版社, 1998.

40. 邹芳. 城市景观设施设计中的隐喻表达 [D]. 中南林业科技大学, 2010.

41. 赵冶. 建筑创作中的隐喻表达 [D]. 重庆大学, 2003.

42. 谭意. 弹性设计在"蜗居"空间中的应用 [J]. 文化论坛, 2011.

43. 张群, 刘文金. 乐活空间 – 动感家具与蜗居空间设计 [J]. 绿色设计, 2012.

44. 林蜜蜜. 蜗居时代的摩卡生活 [J]. 家具与室内装饰, 2010.

45. 贾倍思. 居住空间适应性设计 [M]. 东南大学出版社, 1998.

46. 徐磊青, 杨公侠. 环境心理学——环境、知觉和行为 [M]. 同济大学出版社, 2002.

47. 张韩娴. 居住空间环境的人性化设计研究 [D]. 重庆大学, 2003.

48. 朱敏玲. 智能家居发展现状及未来浅析 [J]. 智慧家庭与城市, 2015.

49. 马晓槟. 智能家居, 智慧生活 [J]. 电视技术, 2014.

结　语

"我们今日所需要的建筑就是要表现今日的时代，我们需要爱、温存、喜悦、宁静、美丽和作为一个人的独立自主，建筑就是要给予这样一个宁静的室内外环境。有了宁静，则我们有了喜悦。"

是的，我们需要爱、温存、喜悦、宁静、美丽、希望和独立自主，也需要具有爱、温存、喜悦、宁静、美丽、希望的环境和建筑。建筑与人朝夕相伴，与人类的文明进程相随，与人类的历史发展相辉映，我们既要保护环境，保护文化建筑，又要建设好自己的家园。人类要提高自己的生活质量，要获得人与自然的可持续发展，就应建立起诗意的栖居之地。这种诗意的栖居，包含着环保、健康、经济、便捷、使用、漂亮、美观的要求。我们相信，未来的建筑就是人类的温馨家园，未来的环境就是人类诗意的栖居地。

后　记

书稿终告段落，掩卷思量，饮水思源，在此仅表达自己的深深谢意。

德国哲学家海德格尔说："生命里充满了劳绩，但还要诗意地栖居在这块土地上。"这是无数人对生活状态的向往。柯布西耶说："住宅是居住的机器。"而如何让这个机器充满诗意，充满居住者对未来的向往，是每一个室内设计师孜孜以求的梦想。中国关于居住的理论体系庞大，所取得的成就更是烟波浩渺，在这里我也只取一瓢，以此抛砖引玉。

在著书过程中，作者深刻感觉"学无止境"与"力有不逮"的压力，在成书过程中收到了许多来自设计师及同行们的宝贵建议及意见，否则本书不可能付梓，现一并致谢。谨在这里要特别感谢山东女子学院艺术学院的诸位领导、同事，以及王芳惠、郝莹、刘倩倩、王小月四位同学倾心倾力的帮助，她们在资料收集、文字整理和校对等工作中为本书做出了突出的贡献。

因为能力和时间有限，本书还是留下了诸多遗憾，且难免发现错误与纰漏，敬请读者批评指正，不到之处，敬请谅解。